地球奥秘

本书编写组◎编

DIQIU AOMI

为了使青少年更多地了解自然热爱科学我们精心编写了这本书这是一本科学性和趣味性并存的著作，希望青少年朋友能在轻松的阅读中了解变幻莫测的大千世界，了解人类与自然相互依存的历史。只有这样，我们才能更理智地展望未来。

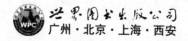

世界图书出版公司

广州·北京·上海·西安

图书在版编目（CIP）数据

地球奥秘/《地球奥秘》编写组编 . —广州：广东世界
图书出版公司，2009. 11（2024.2 重印）
ISBN 978 - 7 - 5100 - 1220 - 4

Ⅰ. 地… Ⅱ. 地… Ⅲ. 地球 - 青少年读物 Ⅳ. P183 - 49

中国版本图书馆 CIP 数据核字（2009）第 204860 号

书　　名	地球奥秘
	DIQIU AOMI
编　　者	《地球奥秘》编写组
责任编辑	罗曼玲
装帧设计	三棵树设计工作组
出版发行	世界图书出版有限公司　世界图书出版广东有限公司
地　　址	广州市海珠区新港西路大江冲 25 号
邮　　编	510300
电　　话	020-84452179
网　　址	http://www.gdst.com.cn
邮　　箱	wpc_gdst@163.com
经　　销	新华书店
印　　刷	唐山富达印务有限公司
开　　本	787mm × 1092mm　1/16
印　　张	10
字　　数	120 千字
版　　次	2009 年 11 月第 1 版　2024 年 2 月第 11 次印刷
国际书号	ISBN　978-7-5100-1220-4
定　　价	48.00 元

前 言
PREFACE

　　"Earth"（地球）这个名字是来自古英语的"Eorthe"这个词。当人们不知道地球是个行星时，"Earth"这个词只是表示人们在它上面行走的大地。后来这个词不仅是表示我们脚下的大地，而且渐渐地表示整个世界本身。至于这个词是什么时候出现的，就无从考证了。无论是茫茫宇宙，还是我们这些匆匆而过的人类，地球从诞生之日起就充满了各种谜团，她隐藏着太多太多的秘密，时间与空间的不断变换中，演绎着不朽的璀璨和神奇。

　　在浩瀚的宇宙中，地球就像是广阔原野上的一粒灰尘，但是它的形成和发展却经历了十分漫长的过程。我们常常亲切地称地球为母亲，因为它是孕育一切生命的摇篮。地球经过46亿年的演变，沧海桑田，物转星移，千亿年的孕育，最终才形成今天生机盎然的景色。

　　人类出现在地球大约300万年左右，随着地球上生命的诞生与进化，地球变成了一个生机勃勃的世界，人类出现以后，地球更闪现出智慧的光芒。美丽的山川、蜿蜒的河流、宁静的湖泊、险峻的山峰、辽阔的平原、蔚蓝的大海、浩瀚的沙漠，这些组成了地球的外貌；五彩缤纷的植物和千奇百怪的动物共同构成了地球上形形色色的居民；美丽的地球往往又变幻莫测，地震、火山爆发展现出它狰狞的一面，这一切都吸引着人类去探索。

　　但是，因为不合理的开发，人们对各种自然资源的浪费，全球性生态破坏、各种环境污染越来越严重。现在，全球每年有600万公顷的土地沦为沙漠，2000万公顷森林在消失，平均一小时就有一种物种在灭绝。并且，地球的气温也在不断升高，南极冰川开始溶化，海洋平面将不断升高，世界上许多沿海城市、岛屿和大量土地，将被海水吞没。虽然地球也有老去的一天，但是人类的破坏力比自然的衰老之力要大得多，难道地球真的要毁于人类之手吗？

　　好在很多有识之士已经认识到人类活动对地球的影响，爱护地球已经成为一种共识，因为人类只有一个地球，是我们惟一的家园，地球的命运、人类的命运，就掌握在人类自己手里。在许多有识之士的大声疾呼下，越来越多的人意识到了保护地球的重要意义——我们不能只要今天而不要明天，我们需要人类幸福的未来。

　　保护地球需要了解地球，本书聚集了丰富的关于地球奥秘的知识，真正从学生的视角提出学生最感兴趣、最新奇、最经典、最前沿的问题，并予以深入浅出的精彩解答。语言浅显生动，能让学生在开心阅读中进入美妙的科学求知之旅！

目录

探秘地球

多变的地理地貌

地球的资源

地球的气候

震动大地的地质灾害

探秘地球

　　早在远古时期，人类就对自己的家园——地球，产生了各种美丽的遐想，编织成许多绚丽多彩的传说。随着科技的不断进步，人类证明地球已经是一个46亿岁的老寿星了，它起源于原始太阳星云。然而对古老而神秘的地球的研究是一个极其巨大的而艰辛的工程，譬如人类对地球的形状、大小等的认识便经历了相当长的时间，可谓路程漫漫。即便如此，人类从未中断过探索的脚步，一直坚持不懈，勇往直前。本章以探索地球内部奥秘为主线展开描述，详尽地介绍和分析目前在对地球研究方面所取得的一些成果，使读者借此了解诸多专业学术知识。

地球成长史

　　我们居住的地球是一个两极稍扁、赤道略鼓的扁球体。地球的平均半径约6371千米，表面积达5.1亿平方千米。对人类来讲，地球是一个很大很大的"球"，但跟太阳相比地球又显得太小了。据科学家计算，太阳聚集了太阳系中全部物质的99.8696%，地球和其他7颗行星、几十颗卫星、彗星、小行星等加在一起，才约占太阳系总物质的0.14%。如果说太阳是一个球，地球才相当于一粒粉笔灰。这就是养育着当今60多亿人口和数万种动植物的地球在太阳系中的位置。

　　当地球从原始星云中分离出来时，是一个均质的固态天体。后来由于地心吸引力而收缩，加上陨星撞击以及内部放射性元素蜕变等原因产生热量，地球内部温度不断升高，固态物质开始熔解、分化、改组，从本来的均质体逐渐演变成具有地壳、地幔、地核三个圈层结构的球体，从此拉开地球上的地理环境演变和各种生命物质蓬勃发展的帷幕。

早期的地球，地壳运动相当激烈。那时的地球世界到处是火山喷发，烟雾弥漫。地壳上形成许多高山深谷和断裂带，随着岩浆喷出地表的水蒸气，经紫外线分解、氢氧元素化合、蒸腾等反复运动，慢慢形成了雨水，汇成洪流，不断向低洼处聚集，最终形成了海洋。在地球的发展史上，海洋面积始终占绝对优势。

地球——人类生命的家园

科学家们推测，地球年龄大约为 46 亿年。在漫长的地质岁月里，地球表面海陆几经变迁。直到约 7000 万年前，当今的海陆轮廓才基本形成。

科学家们是怎么推算得出地球的年龄约为 46 亿年呢？20 世纪初，科学家从放射性元素的研究中发现原子核中能自发地放射出某种粒子而变成其他元素，因而获得了计算地球年龄的天然"计时钟"。地表岩石中放射性元素的蜕变很稳定，不受外界条件的影响。例如，在一年中一克铀总有 74 亿分之一裂变成铅或氦。根据一块岩石中现在含有铀的数量和铅的数量，我们就可以推算出这块岩石的年龄。在实际科学研究中，人们还需要了解地球的相对年龄即岩层的新老关系，上述的方法就显得不太方便，因此人们常借助岩层的顺序和化石进行分析。在正常情况下，地层是按顺序排列的，即老的在下，新的在上。但是由于地壳运动的影响，自然界的岩层往往错综复杂，难以辨认，这时就可以利用岩石里含有的化石进行分析。因为生物进化是不可逆的，含有三叶虫化石的岩石年龄，一定比含有恐龙化石的岩石年龄老。这种方法在实际地质研究工作中运用非常普遍。是否还有其他方法可以测算出地球的年龄？相信随着科学技术的进步，人类将不断探索更新的途径。

人们都关心地球的未来，地球将走向怎样的"生命"终结呢？有些人认为地球最终将变成一个巨大的"冰球"。理由是太阳像火炉一样，不断向宇宙空间辐射热量，但这种情况会最终改变的：它的能量将逐渐减少，温度和光度也将不断下降，最终会熄灭。在太阳走向熄灭的过程中，地球也逐渐冷却，寒冷地区将不断扩大，海水冻结而生命相继灭绝，最后，地球将以"冰球"的状态存在于冥冥宇宙之中。随着人们发现太阳发光的奥秘之后，许多科学家又提出了地球将"火化"的新观点。太阳现在是以氢核聚变的形式不断向外辐射能量，每秒钟损失约 400 万吨物质。在大部分氢燃料耗尽之后，氦或其他较重的元素将会接替进行核反应，所产生的能量远远高于氢核聚变，由于太阳受到内部的骚乱，外壳便会剧烈地膨胀开来，总有一天地球会被极度膨胀的太阳吸入而烧成灰烬。不过，据科学家们预测，地球被"冰化"或是被"火化"的时间不会太早，将出现于距今 100 亿年之后，因此暂时不必担心。

近年，地球起源和演化学家杨槐首次提出地球作非球体膨胀学说，他认为板块构造、海底扩张等，都是地球作非球体膨胀的结果。杨槐的学说受到我国地球物理学界和老一辈科学家的充分肯定，在国际上也有巨大影响。如果这一学说成立，那么地球未来将重新膨胀成宇宙尘埃的一部分。

时至今日，人类虽然踏上了月球，飞行器也走出了太阳系，但对地球的认识依然很肤浅。人类将继续探索天体的起源、形成和发展过程，揭示出地球的形成、发展和消亡的演变规律。只有掌握了这些规律，人类才能去改造世界，去开创美好的未来。

星 云

星云，是由星际空间的气体和尘埃结合成的云雾状天体。星云里的物质密度是很低的，若拿地球上的标准来衡量的话，有些地方是真空的。可是星云的体积十分庞大，常常达几十光年。所以，一般星云较太阳要重的多。随着天文望远镜的发展，人们的观测水准不断提高，才把原来的星云划分为星团、星系和星云三种类型。

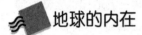 地球的内在

　　地球外面包围着一层大气，人们称其为大气圈；地球表面的海洋、湖泊、江河、冰川中储存有大量水体，人们称其为水圈；水中和陆地上生存着大量的动植物，人们称之为生物圈。大气圈、水圈、生物圈以及地球表面，人们是可以看得见、摸得着的。可是，地球内部是什么样子呢？

　　用现代科学方法测知，地球内部是由地核、地幔和地壳等结构构成，地球很像一个鸡蛋，但地球是同心圈层，鸡蛋不是同心圈层。说鸡蛋分 3 层，如果你不信，可以立即打开一个看看。说地球内部也是 3 层，怎么来验证呢？地球这么大，打不开也钻不透。人类是怎么知道地球的内部结构呢？

　　当初，人们根据火山爆发时岩浆外溢的现象，以为地球内部都是火红的岩浆，就像蛋壳包裹着能够流动的蛋白、蛋黄一样。但以地壳的厚度与地球的半径相比，地壳薄得就像一层纸，无法包住这么大的一团岩浆，所以地球内部的状况到底怎样，在很长时间里一直是一个谜。

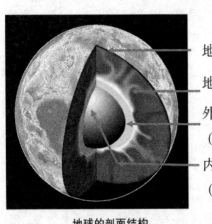

地壳
地幔
外地核（液）
内地核（固）

地球的剖面结构

　　我们不可能直接把地球打开来看，科学家们会另找方法。物理学的发展与研究成果，为地学专家提供了有力的武器。物理学家研究发现，波分为横波和纵波两种，在不同介质中，纵波的传播速度比横波快，地学专家根据波的这些特点，用测地震的方法，来研究地球内部的结构。

　　地震时，从震源释放的能量，也以波的形式向四周传播，而且地震波亦分为横波和纵波。测震专家们发现，地表以下平均深度 17 千米处，有一个界面，在这个界面以上，横波、纵波的传播速度没有变化，而这个界面以下，两种波的速度都突然加快，到地表以下 2900 千米处，横波消失，纵波的速度减小。据此说明在地表下 2900 千米处，也有一个界面。这两个界面分别由莫霍洛维奇和古登堡两位科学家发现，为了纪念他们，分别称为莫霍面和古登堡面。根据这两个面的存在，人们认识到地球内部不是均质的，因为波在均质中，传播速度也应当相同。再根据波在不同密度介质中传播速度变化的资料，人们得知从地表到平均17千米深处，是以岩石等固态物质为主的地壳；地表以下17～2900千米深处，是可塑性的地幔；2900千米深处到地心，是密度很大、压力也很大、温度极高的地核。

因而，人们确认地球内部大致分3层，即地壳、地幔（中间层）和地核。但测震专家又发现，在地幔中波的传播速度也不均一，所以专家们又将地幔分为上地幔和下地幔；同样，波在地核中的传播速度也有变化，因此地核也被分为内核和外核。这样，也有学者将地球内部划分为5个圈层。

目前，对地震波的研究仍然是研究地球内部状况的最基本的方法，随着科学技术的发展，更先进的方法也逐渐出现，以探测地球内部状况。对地球内部的认识将有助于人们研究并掌握地震、火山的发生等级。

地球的年龄

地球究竟有多大岁数？从古至今，人们就一直在苦苦思索着这个问题。

古代玛雅人把公元前3114年8月13日奉为"创世日"；犹太教说"创世日"是在公元前3760年；英国圣公会的一个大主教推算出创世时间是公元前4004年10月里的一个星期日；希腊正教会的神学家把"创世日"提前到公元前5508年。著名的科学家牛顿则根据《圣经》推算地球有6000多岁。而我们中华民族的想象更大胆，在古老的神话故事"盘古开天地"中传说，宇宙初始犹如一个大鸡蛋，盘古在黑暗混沌的蛋中睡了18000年，一觉醒来，用斧开天辟地；又过了18000年，天地才形成。即便如此，这些数据离地球的实际年龄46亿年仍是相差甚远。

人们是用什么科学方法推算地球年龄的呢？天然计时器是什么呢？

最初，人们把海中积累的盐分作为天然计时器。认为海中的盐来自大陆的河流，便用每年全球河流带入海中的盐分的数量，去除海中盐分的总量，算出现在海水盐分总量共积累了多少年，就是地球的年龄。这一计算结果得数是1亿年。为什么与地球实际年龄相差45亿年呢？一是没考虑到地球的形

成远在海洋出现之前；二是河流带入海洋的盐分并非年年相等；三是海洋中的盐分也常被海水冲上岸。种种因素都造成这种计时器的失真。

人们又在海洋中找到另一种计时器——海洋沉积物。据估计，每3000～10000年，可以造成1米厚的沉积岩。地球上的沉积岩最厚的地方约1100千米，由此推算，地球年龄约在3亿～10亿年。这种方法也忽略了在有这种沉积作用之前地球早已形成的事实。所以，结果还是不正确。

几经波折，人们终于找到一种稳定可靠的天然计时器——地球内放射性元素和它蜕变生成的同位素。放射性元素裂变时，不受外界条件变化的影响。如原子量为238的放射性元素铀，每经过45亿年左右的裂变，就会变掉原来质量的1/2，蜕变成铅和氧。科学家根据岩石中现存的铀量和铅量，算出岩石的年龄。地壳是岩石组成的，于是又可得知地壳的年龄大约是30亿岁，加上地壳形成前地球所经历的一段熔融状态时期，得出地球的年龄约为46亿岁。

放射性元素

放射性元素，确切地说应为放射性核素，是能够自发地从不稳定的原子核内部放出粒子或射线（如α射线、β射线、γ射线等），同时释放出能量，最终衰变形成稳定的元素而停止放射的元素。这种性质称为放射性，这一过程叫做放射性衰变。含有放射性元素（如U、Tr、Ra等）的矿物叫做放射性矿物。

地球的地质年代

地球自诞生以来，已走过了漫长的46亿年时光。地质学家在研究这46亿年的地球史时，也像历史学家研究人类史一样，将地球的历史分成几个阶段。所不同的是，人类历史是按朝代来划分；地球史则以代纪划分。

地质学家主要根据生物的演变、地质条件和古气候的变化，把地球的历史分成几个代：太古代、元古代、古生代、中生代和新生代。代下面又分为"纪"等。地质学家给地球的"代"、"纪"定的名称，也都有一定的来源。如：

元古代：指原始生物时代。

古生代：指古老生命的时代。

中生代：指生物发展的中间时期。

新生代：指生命发展的新近时期。

需注意的是，古生代、中生代、新生代中的"生"，主要是指古动物。所以在西方国家的地质文献中又称作古动代、中动代、新动代。

这三个地质时代下属的几个纪的名称，多数来自英国，有的是来自德国。如：

寒武纪："寒武"是英国西部威尔士一带的古称。

奥陶纪："奥陶"是在英国威尔士住过的一个古代部落民族的名称。

地质年代与生物发展阶段对照表

宙	代	纪	距今时间(百万年)	生物发展阶段
显生宙	新生代	第四纪	1.6	人类时代 · 被子植物
		新第三纪	23	哺乳动物
		老第三纪	65	
	中生代	白垩纪	135	恐龙时代 爬行动物 · 裸子植物
		侏罗纪	205	
		三叠纪	245	
	古生代 晚古生代	二叠纪	290	两栖动物 · 蕨类植物
		石炭纪	365	
		泥盆纪	410	鱼类时代
	早古生代	志留纪	438	无脊椎动物大发展 · 藻类繁盛时期
		奥陶纪	510	
		寒武纪	570	三叶虫时代 生命大爆发
隐生宙	元古代	震旦纪		动物开始出现
		青白口纪		
		蓟县纪		
		长城纪	1800	
	太古代		2500	细菌、蓝藻时代
			4600	生命形成时期

地质年代划分表

志留纪："志留"是英国西部一个古老部落名。

泥盆纪：来自英国的泥盆州。

石炭纪：因这个时代的地层中煤特别丰富而得名。

二叠纪：译自德文，因为德国当时地层明显地分为上下两部分。

侏罗纪：是用德国与瑞士交界处的侏罗山命名的。

白垩纪：是因为最初划分出来的地层上部有白垩而得名。

时间畅想

分、时、天、周、月、年、旬、世纪等，都是人们用于计时时划分的，地球时间就是由这些很小、但逐渐变大的单位组成。自古以来，人们就认定：

时间总是从现在走向将来，绝对不能逆转。

20世纪80年代，在探索时间究竟为何物的研究中，前苏联科学院通讯院士魏尼克提出了"时间物质"和"时间场"的假说，他认为：宇宙中存在着几种"超单质"的物质，时间就是其中之一，叫"时间物质"。

宇宙万物中都可见这种时间物质，所以万物便有了时间的延续性。时间物质也像电子辐射电磁波那样，不停地放射着一种叫"克罗农"（时间单位约为10～24秒）的粒子，起信息载体作用。历史上的老马之所以能识途，生活中的鸽子、狗等动物之所以能远途归家，就是因为它们具有接受这种辐射的感官。由于物质不断放射"克罗农"，世界上出现过的一切物体，都能以时间辐射的形式留下自己的痕迹。森林中，当害虫袭击一棵树时，受害的树就会向同伴发出危急的信息，其他树就会产生一种保护性的化学物质；甚至当人要折断树枝时，树木也会产生一种"害怕感"，似乎植物也能接受人的思想，这种过程的物质基础是什么？这种信息（包括人的思想）是怎么传递的？根据魏尼克的假设，这一切都是借助于"克罗农"这一媒介。

如果时间可以逆转，
人们将会实现时空之旅

假如魏尼克的"时间物质"和"时间场"说成立的话；假如真有"克罗农"这种粒子存在的话，科幻小说、穿越文学中的情景就会变成现实。我们可以像控制温度、压力那样自己驾驭时间，让时间逆转。我们将不仅可以揭示当代的任何人和事的秘密，而且能知晓远古发生的事，"恐龙灭绝"也就不再成为不解之谜。甚至连宇宙的起源、地球的起源，也不再是困扰人类的难题。因为"克罗农"为我们留下了最清晰的信息，使人们看清过去。

"时间物质"和"时间场"这一假说简直太令人不可思议了，假说能成真吗？

无线电波

无线电波，是指在自由空间包括空气和真空传播的射频频段的电磁波。无线电技术是通过无线电波传播声音或其他信号的技术。无线电技术的原理在于，导体中电流强弱的改变会产生无线电波。利用这一现象，通过调制可将信息加载于无线电波之上。当电波通过空间传播到达收信端，电波引起的电磁场变化又会在导体中产生电流。通过解调将信息从电流变化中提取出来，就达到了信息传递的目的。

冰雪南极的前史

你知道吗，上海与东京间的距离每年缩短近 3 厘米。这是中日两国的科学家自 1988 年起，使用鹿岛宇宙通信中心和上海余山观测站的电波天线，进行了 28 次观测的结论，他们发现，两地距离平均每年缩短 2.9 厘米。按这样的速率持续 64 万年，东京与上海之间的距离就将缩短 800 千米。到那时，我国与日本不再是"一衣带水"的近邻，而是同一陆地上的邻国了！

陆地间的距离在变化，有的在拉长，有的在缩短。17 世纪的墙根等人发现南美洲东海岸和非洲西海岸形状的吻合，因而他们认为二者原本是同一块大陆。1910 年，德国气象学家艾尔弗雷得·魏格纳，注视着地图上那些曲曲弯弯的海岸轮廓线，也同样发现南美洲、非洲海岸线有吻合的状况。他设想，要是能够移动大陆的话，就可以像玩七巧板一样把两个大洲紧紧地拼合起来。它们会不会曾是同一块大陆，后来又分"家"了呢？

魏格纳通过对地质、古生物的研究，发现几块大陆边缘能够拼接吻合得很好。此外，动物学家还发现像蚯蚓、蜗牛、猿等生物不仅南美洲和非洲有，而且在亚洲、欧洲、澳大利亚大陆也有。1921 年魏格纳提出了著名的大陆漂移学说。

他认为，很早以前，地球上只有一块"泛大陆"，其周围是"泛大洋"。在地球自转和天体引力（引潮力）的影响下，泛大陆如同水上的小舟一样漂移着。首先分开的是澳大利亚大陆和南极地区，然后欧洲、非洲、亚洲和南

北美洲也逐渐分离。因而澳大利亚大陆有袋类动物，世界其他地区却找不到它们的踪迹。

大陆漂移学说的问世并没有立即得到地学界的普遍认可。直到20世纪50年代中期和60年代，海底扩张理论的出现才使大陆漂移学说重新兴起。

海底扩张学说认为，岩浆在海底深部涌出，形成新的海底，后又有岩浆涌出把已形成的海底推向两侧，大约每年向两侧推出4～8厘米。

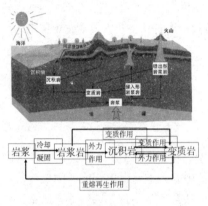

岩浆和火山

1967—1968年间，摩根、勒比雄等人在大陆漂移学说和海底扩张学说的基础上提出了板块构造学说的理论，他们认为，整个地球的岩石圈并不是一个整体，而是被一些活动的构造分割成的若干个块体，每一个块体的厚度相对于地球半径来说，如同薄板一样，所以称它为板块，整个地球岩石图大致上可分为六大板块。除太平洋板块全部在大洋中外，其他板块均由大陆与周围海洋组成。大板块还分出了若干小板块，这些板块都在上地幔顶部，由于地幔中物质的对流作用，它们便不停地漂移。板块构造学说是地球科学理论中的重大发展之一。

板块移动时的速度，一般平均每天0.1毫米，相当于人手指甲一天中生长的速度。其中大多数板块移动速度每天仅0.05毫米，恰好相当于人脚趾甲的生长速度。

由于板块的移动，印度和我国之间的距离，自唐僧去印度取经（公元629—645年）以来缩短了约60米，每年平均缩短5厘米。太平洋中的夏威夷岛和南美洲以每年5厘米的速度靠拢；大洋洲中的澳大利亚和北美洲每年以1.016厘米的速度分离；大西洋以每年约1.5厘米的速度在扩张。

美国科学家在距南极4004米处发现落叶植物假毛桦叶的化石，说明300万年前的南极曾经是一片绿洲。当时南极洲夏季气温至少有25℃，比目前夏季气温高出15℃。冬季气温则降到20℃左右，与目前年平均气温－25℃相比，真可谓两个截然不同的世界（1967年测到的极端最低气温为－94.5℃）。

今后地球海陆分布将会是怎样的情景？科学家们用电子计算机预测，2.5亿年后地中海将合拢，并折叠成一座新的山脉，非洲将裂为两半，同时澳大利亚将"闯"入东南亚，印度尼西亚将被挤入喜马拉雅山脉。这时，就形成一条从欧洲西班牙一直延伸到亚洲中南半岛东部的连绵起伏的山系，到那时亚洲与澳大利亚和南美洲将连为一体。从目前情况看可以肯定，今后地球上各个大陆仍将继续漂移。

板块构造理论运用于实践中已获得了一定的成就。中国地质工作者运用这一理论寻找煤矿获得重大突破。据此探明皖、闽、豫等地储有93亿吨煤炭，使东部沿海经济发达地区获得新的煤炭资源。江苏地质工程师孙天锡依据板块断开理论，在1983年5月就预测出10年后日本海中部海区将要发生地震，结果1993年2月7日日本龙登半岛海域果然发生一次里氏6.6级地震。

板块的运动（相撞、俯冲、移动）是地学领域中一个基本理论问题，可是，究竟是怎样一种力在促使板块运动呢？这是至今还没有取得圆满解决的大难题。另外既然有动力，这些能量是否能被利用呢？

板块构造学说是在前人研究的基础上发展起来的，也在实际应用中获得了一定成果，但解释地壳运动中的许多问题，这一理论还无能为力，有待人们去研究探索更新的理论。

出水的喜马拉雅山

在中国民间有这样一个传说：很早以前，麻姑仙子到仙境蓬莱赴会，对众仙说："自从第一次来这里赴会，我看到东海三次变成陆地。"当然这只是神话。北宋时著名学者沈括外出途经太行山麓，看到了成带状分布的螺蚌化石。他据此推断，这里虽然距海千里，原来却可能是一片汪洋，由黄河挟带泥沙堆积成陆地。这表明，我国学者早在11世纪，就对海陆沧桑变迁作了科学的阐述。

高山岩石上螺蚌壳的化石，不仅太行山有，南京钟山上也有。1960年5月，我国登山运动员在珠穆朗玛峰上也发现一种灰白结晶的石灰岩，这是大海中常见的沉积岩，但峰上没有发现古生物化石。1975年再上珠穆朗玛峰时，他们终于找到生活在 1.6 亿年前的喜马拉雅山鱼龙化石，鱼龙化石的四肢呈桨状，体长 10 米，是能适应海中生活的爬行动物。今日高耸入云的喜马拉雅山，原来也曾是海底！

喜马拉雅山高峰

1 万年前，我国东部近海大陆架尚未形成，那时海平面大大低于现在的水位，亚洲东部的岛屿与大陆间没有海域相隔。第四纪冰川期后，冰川融化，使海平面上升，最终淹没了大陆架，形成目前的海区，台湾岛也是在这时期与大陆分开的。

地球表面高低起伏，变化多端。海变陆，陆变海，地壳升降运动不断交替地运行着。

《诗经·小雅·十月》中记载："……百川沸腾，山冢卒崩。高岸为谷，深谷为陵。"西晋"镇南大将军"杜预就很赞同"高岸为谷，深谷为陵"的说法。晚年他为自己建立纪念碑时，叫人同时制作完全相同的两块石碑，一块碑埋在山脚，另一块立于山顶。他对人说，也许几百年以后，高山和深谷地位交换，山顶变成山脚，所以山顶、谷地各立一块，即使发生了地质变化，总会有一块能被后人看到。其实，海陆变迁在人类历史几百年中是觉察不出的。

意大利那不勒斯附近的塞拉比斯神庙，曾遭到地震和火山灰的毁坏，埋没后又历经了多次升降，庙宇中留下 3 根大理石的柱子，上面记录了历次升降的情况。

海陆变迁造成形状各异的地表。例如云南省昆明滇池旁白云缥缈的西山，犹如丰满的少女卧躺在滇池岸边；远眺四川乐山大佛旁的山体，酷似一尊卧佛仰天安睡，这都是地壳变动的鬼斧神工。更重要的是海陆变迁对人类生产和生活都有直接影响，探索其变化规律，及时预报变化情况，将使人类免受灾害的侵袭。

石灰岩

石灰岩，简称灰岩，以方解石为主要成分的碳酸盐岩石。有时含有白云石、黏土矿物和碎屑矿物，有灰、灰白、灰黑、黄、浅红、褐红等色，硬度一般不大，与稀盐酸反应剧烈。石灰岩按成因可划分为粒屑石灰岩（流水搬运、沉积形成）；生物骨架石灰岩和化学、生物化学石灰岩。按结构构造可细分为竹叶状灰岩、鲕粒状灰岩、豹皮灰岩、团块状灰岩等。

地球的来源

在人类已知的宇宙天体中，最美丽多彩、最富有生机的就是我们人类及无数生灵赖以生存的地球家园了。

那么，地球是从哪里来的呢？让我们先看一下中国古代的神话传说吧。

相传，在天地还没有诞生以前，宇宙是漆黑混沌一团，好像是个大鸡蛋。大鸡蛋的里面，只有盘古一人在那里睡大觉，一直睡了 18000 年。有一天，他突然醒来了，睁眼一看，四周到处都是黑糊糊的，什么也看不见，盘古急得心里发慌，于是就顺手操起一把板斧，朝着前方黑暗处猛劈过去。谁知这一劈可不得了，霎时间只听得山崩地裂一声巨响，这个大鸡蛋一下子裂开了，其中一些轻而清的东西，慢慢上升变成了天；另一些重而混沌的东西，则慢慢下沉变成了地。天地刚分开时，盘古怕它们再合拢上，于是就站在天与地之间，头顶着天，脚踩着地，不敢挪动一步。自那以后，天每日升高一丈，地也每日加厚一丈。盘古的身体，也随着天的增高而每日长高一丈。这样，盘古顶天立地，坚持了 18000 年，终于使天地都变得非常牢固。但由于他过度疲劳，终因劳累不堪而累倒死去。就在他临死的一瞬间，没想到全身忽然发生了根本变化：他口里呼出的气，顿时变成了风和云；他呻吟的声音，变成了隆隆作响的雷霆；他的左眼变成了太阳，右眼变成了月亮；手足和身躯，变成了大地和高山；血液变成江河；筋脉变成了道路，头发和胡须，也变成了天上的星星；皮肤和汗毛，变成了草地林木；肌肉变成了土地；牙齿和骨骼，变成了闪光的金属和坚石、珍宝；身上的汗水，变成了雨露和甘霖。也

就是说，盘古自身造就了一个美丽的世界。盘古开天辟地的故事虽然只是个神话，但却在一定程度上反映了我国古代人民一种朴素的天体演化思想。古人所设想的天地未开之前的混沌状态，与今天人们认识的宇宙早期状态是十分相似的。

有关地球身世的探索，实际是一个关于地球起源的问题。随着科学的不断发展，现代研究这个问题的人与成果已愈来愈多。现在，人们把它与太阳系的起源问题合起来加以研究，因为人们现已知地球是太阳系中的一颗行星。一旦弄清了太阳系的来历，地球的身世之谜，也就迎刃而解了。

关于地球和太阳系的起源，直到现在说法还不太统一。也就是说，对这个问题人们一直还在不断探索之中。

人类对地球和太阳系的系统科学研究，仅仅是18世纪中叶以后的事。直到今天，提出的各种学说多达40余种。若按其大类分，主要有两种，即灾变说和星云说。

1. 灾变说

这种观点认为：太阳系（包括地球在内）是在一次激烈的偶然灾事件后产生的。如法国动物学家布丰1745年就提出了这样的设想：有一颗巨大的彗星，碰撞太阳的边缘，使太阳发生自转，同时碰出一部分物质绕太阳旋转，这些物质最后形成了包括我们地球在内的行星。事实上彗星主要是由一大团冷气组成，中间也夹杂了些冰粒和宇宙尘，发生撞击也不可能对比它大许多倍的太阳产生影响，碰出太阳一部分物质形成行星，但这个理论实际上是很难站住脚的。1916年，英国天文学家金斯又提出"潮汐说"，他假定有一巨大恒星接近太阳，使太阳表面产生潮汐隆起，正面的隆起物很大，逐渐脱离太阳形成一支雪茄烟形的长条绕太阳旋转，以后物质条断裂成多节，最终形成太阳系的各个行星。后来，杰弗里斯还提出"碰撞说"，认为一颗恒星与太阳擦边碰撞时，碰出的物质形成行星系。事实上，从太阳分出的炽热物质，是很容易扩散开来的，并不可能凝聚成行星（包括地球）。因此，灾变说以后全被一一否定。提倡灾变说的一些天文学家，后来也有不少人改信星云说。

2. 主旋律：星云说

关于地球起源的理论中，最流行的看法，就是所谓的"星云说"。

最早有名的代表人物有法国的哲学家康德（1724—1804年）和法国数学家、天文学家拉普拉斯（1749—1827年）。1744年，康德在他的《自然通史和天体论》这部著作中，就率先大胆地提出了太阳系起源的星云说。他认为太阳和太阳系中的行星（包括地球）、卫星等，都是由同一个原始星云团演变来的。很早以前，这个星云团中的物质都是在无规则地运动着，彼此相互碰撞。在其运动过程中，较大的物质吸引了较小的物质，凝结了一些较大的团块，而且块头愈来愈大。

火山喷发的景象

最后引力最强的中心部，吸引的物质最多，先形成了太阳。外面的小团块，在太阳的吸引下，向中心体下落时与其他小团块碰撞而改变方向，变成绕太阳做圆周运动，这些绕太阳运动的较大团块，又逐渐形成九个引力中心，这些引力中心最后凝聚成朝同一方向转动的行星。地球就是这些行星中的一个。太阳系卫星的形成过程与行星相类似。恩格斯对于康德的星云说，曾给予很高的评价，赞扬康德"在这个僵化的自然观上打开了第一个缺口"。说他的星云是"从哥白尼以来天文学取得的最大进步"。

1796年，拉普拉斯也提出了一个与康德星云说相类似的星云说。拉普拉斯认为：太阳系是由一团巨大而灼热的大致呈球状的气体星云形成的。由于气体慢慢地冷却而收缩，星云自转速度随之加快，离心力也随着增大，于是星云就变得十分扁平。在星云收缩中，每当离心力与引力相等时，有部分物质留下来，演化为一个绕中心转动的环，以后又陆续形成好几个环。这样，星云的中心部分凝聚成太阳，各个环则凝聚成包括地球在内的一个个的行星。较大的行星在凝聚过程中，同样能分出一些气体物质环，并形成各自的卫星系统。

由于拉普拉斯的星云说与康德星云说基本观点有相似之处：都认为太阳系内一切天体，都有形成的历史，都是由同一个原始星云演变而成的，所以人们又将他们的星云说归并在一起称为老星云说，当然这两种星云说，也有不少缺点和错误，曾一度被后人所冷落。但是，目前不少天文学家认为，他们的星云说的基本思想还是正确的。

3. 中国科学家的新说

近现代以来，我国天文学家戴文赛等，又提出了一个关于太阳系和地球起源的新学说。此学说以老星云说为起点，保留了其合理的部分，并以宇航科学所获得的有关太阳系的新资料为依据而提出的。戴文赛认为，太阳系是由一原始星云团形成的。在47亿年前，宇宙中有一个比太阳大几千倍的大星云。当密度收缩到每立方厘米为一千亿分之一克时，大星云内部出现了涡流，碎裂为许多小星云，其中之一就是太阳系的前身，称为"原始星云"。由于原始星云是在涡流中形成的，所以一开始就有自转。原始星云在万有引力的作用下继续收缩，同时旋转加快，形状逐渐呈扁形，并在赤道方向上形成一个内薄外厚的星云盘。组成星云盘的物质，在万有引力作用下，又不断收缩和聚集，形成许多所谓"星子"。星子间又不断碰撞、吞并。中心部分由于收缩力强，密度加大，最终形成了原始太阳。原始太阳周围形成了行星胎。原始太阳和行星胎进一步演化，进而形成了太阳和九大行星，即太阳系。该学说于1972年在法国尼斯城所举行的国际太阳系形成学术大会予以发表，得到了与会者们的普遍肯定。天体的起源和演化是自然科学三大基础理论问题之一，所以才备受世界科学界关注。

依据星云说，地球形成的胚胎（也叫地球胎）时期，温度还是比较低的，球内也没有分层结构，只是由于内部的放射性元素衰变致热，以及原始地球重力收缩和外部受陨石的频繁轰击等综合作用，才使地球温度逐渐增加，并开始趋于塑性化和发生局部熔融现象。这时，在重力作用下，物质开始以重沉轻升的形式发生分异（也称重力分异作用）。较重的元素（如铁、镍等）沉到了地球中心，形成密度很大的地核。较轻的元素（如硅铝、硅镁等）则上浮到地球上部，冷却后形成原始地壳。最后终于形成了今天的地壳、地幔、地核各圈层。地球在形成后的10亿多年，地球表壳是很不牢固的，地下的气体在地内高温高压下，常常会沿着地表裂隙上升到地球之外，所谓"脱气作用"。以后，大约在距今30亿年以前，地球上出现了一次大规模的火山活动，这次火山活动来势汹汹，将地内岩浆和大量的气体、水汽带到了地表上空，进而为地球大气和海洋的生成奠定了基础，并逐渐形成地球早期的大气圈和水圈。大约在30亿~40亿年这段时间，地球上的单细胞生命物质也开始诞生了，然后进一步演化，直至形成后来的各种各样的生物，并出现了生物圈。最近300万年以来，又形成了我们的人类圈。

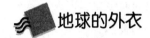 地球的外衣

我们的地球之所以生机勃勃，是因为它有其他行星所没有的得天独厚的三大宝：适量的阳光、充足的水源和丰富的大气。

在地球大气由原始大气演化为还原大气时，由于太阳辐射，产生了光子离解效应。将水分子分解为氢和氧。分解出的氢逃逸出大气层，比氢重的氧留了下来。性能活泼的氧除了与其他元素化合外，还有一部分形成了臭氧（O_3）。

臭氧（O_3）是氧（O_2）分子的一种同位素，它主要分布在地球大气的平流层里，在海拔 25 千米附近密度最大。因此，科学家又把 25 千米附近的大气层叫做臭氧层。据估计，在海拔 10~50 千米范围内，臭氧占整个地球所拥有的臭氧总量的 97% 以上。但是，与地球大气相比，还不到地球大气总量的 1%。

大气中臭氧含量虽少，却维系着地球万物生灵的命运。因为强烈的太阳紫外线对生物会产生致命的危害，它会破坏生物体内的 DNA（细胞的脱氧核糖核酸，它起着制造和传递遗传信息作用），引起细胞变异和一些疾病的产生。紫外线对蛋白质也有破坏作用，而 DNA 和蛋白质对光线的吸收主要集中在紫外线波段。

臭氧能吸收太阳紫外线，使大气下层的氧分子不再被分裂。被吸收的太阳紫外线能烤热臭氧及其周围的空气，形成高于同温层的空气层，就好像戴在汹涌澎湃的对流层上的一把保护伞，挡住了大部分的太阳紫外线，使地球上的生物免遭紫外线的致命伤害。正因为地球大气中有了臭氧层这个天然屏障，远古的生物才可以从海洋过渡到陆地，而发展成形形色色的生物界，我们人类以及地球上的所有生灵才能安然无恙地生活在地球上。

如果大气层中的臭氧含量减少，到达地面的太阳紫外线就会明显增强，地球上的生物包括人类就会遭殃了。

看不见摸不着的大气如同透明的纱衣披在地球身上。我们虽感觉不到这件"外衣"的分量，但它的总重量竟达 6000 万亿吨。

地球的这件"外衣"内外共分 5 层，各层有各自神奇的妙用。

地球的外部圈层

大气层

（1）对流层。从海平面到18千米高空为对流层，占大气总量的80%。对流层里气象万千，冷热空气上下对流，兴云造雨，下雪降霜，电闪雷鸣都在这里发生。

（2）平流层。从对流层顶到50～55千米的高空为平流层。此处空气稀薄，水汽和尘埃含量极少，很少有天气现象，气流平稳，是高速喷气飞机最理想的飞行区域，平流层中含有大量臭氧，因此又得名"臭氧层"。它能吸收太阳辐射中90%的紫外线，像地球的贴身"防护衣"一样，使地面生命免遭紫外线伤害。

（3）中间层。从平流层顶到80～85千米的高空为中间层。它负责吸收太阳的远紫外线和X射线，使大气中的氧和氮分子离解成原子和离子。该层的温度随高度而降低。

（4）热层。从中间层顶到500千米处的高空为热层。这一层的温度很高，昼夜变化很大。

（5）外大气层。500千米以外高空为外大气层，是地球大气层向星际空间过渡的区域，它有两条辐射带和一个磁层。磁层在5万～7万千米的高处，它是地球大气的最外层，像一道挡风的钢铁长城，保护地球生物，免受太阳风的致命打击。

在50～1000千米处有一个电离层，分为D、E、F_1、F_2四层，里边的气体基本都是电离的。地球上的短波无线电通讯都靠电离层的反射，80～500千米区域，电离子密度较小，美丽的北极光就出现在这层。

那么，地球大气是从哪里来的呢？天文学家常常用天体的起源来解释地球大气的起源。

根据太阳系起源的流行理论——康德—拉普拉斯学说认为：大约在50亿年前，太阳系是一团体积庞大、温度极高、中心密度大、外缘密度小的气态尘埃云。整个尘埃云先是缓缓转动，后来温度渐渐冷却，尘埃收缩，而使转动加快，中心部分收缩成太阳，周围物质收缩成九大行星及其卫星。最初收缩凝聚的地球团块是很疏松的。气体不光在地球表面，大部分被禁锢在疏松的地球团内。这时的地球像一块吸足了水分的海绵团，蕴含着大量的气体。后来，由于地心引力作用，疏松的地球收缩变小。气体受到压缩，被挤了出来。大多数的气体飞散到地球表面，形成薄薄的一层大气。地球收缩到一定程度后，收缩速度减慢。强

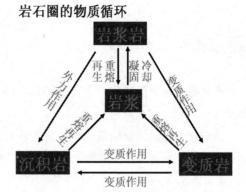

岩石圈的物质循环

地球上的岩石与岩浆形成循环图

烈收缩时产生的热量渐渐失散，地球逐渐冷却，地壳开始凝固。地球凝固后，地球内部受放射性元素的作用不断升温，使地壳一些地方发生断层、位置移动和火山爆发。地壳和岩石中的水和气体也随之释放出来。这些被释放出的气体中，一部分像氢和氦类轻分子跑到了宇宙空间，而氧和氮等重分子大部分被地球吸力抓住，充实了地球大气。

即使地球不断失去氢和氧，但太阳风和地球本身的活动，如火山爆发等，又不断地补充了地球大气失去的气体。

所以，从古至今，地球大气总是那么丰富，足够保护地球了。

太阳风

太阳风，是从恒星上层大气射出的超声速等离子体带电粒子流。在不是太阳的情况下，这种带电粒子流也常称为"恒星风"。太阳风是一种连续存在，来自太阳并以200~800千米/秒的速度运动的等离子体流。这种物质虽然与地球上的空气不同，不是由气体的分子组成，而是由更简单的比原子还小一个层次的基本粒子——质子和电子等组成，但它们流动时所产生的效应与空气流动十分相似，所以称它为太阳风。

地球的冷冻期

在地球发展演化的历史中，曾经有过数次的冰期，地球成为一个寒冷的世界。

大约在 5 亿多年前的震旦纪，整个地球几乎完全被冰雪覆盖，这就是地球史上三大冰期的震旦大冰期。这个时期的冰川堆积物遍布世界各地。

2 亿多年前，地球进入了第二冰期；石炭－二叠纪大冰期。主要发生在南半球，非洲的扎伊尔和赞比亚当初都在冰川之下，北半球只有 1/3 的印度一带埋于冰雪中。

大约 300 多万年前，地球上开始了第四纪大冰期。最盛时，冰川覆盖着地球总面积的 32%（现在仅为 10%）。我们正处在第四纪大冰期的末日，现今是个比较温暖的时期。

但从整个地球气候史看，温暖时期占着绝对优势，近 2.5 亿年以来，冰期占 200 万年时间。是什么原因造成原本温暖的地球几次陷入寒冷之中呢？科学家们提出了冰期成因的七种假说。

（1）由太阳系在宇宙间所处的位置变化引起。当太阳系随同银河系的自转通过宇宙间寒冷的区域或转到宇宙尘埃粒子稠密区域时，部分太阳辐射被宇宙尘埃吸收，地球得到的太阳辐射减少，因而温度降低，地球就出现冰期。

冰冷的雪山世界

（2）地球公转轨道的偏心率每 93000 年就会发生一次变化，造成地日距离加大；或地球受木星的影响，地球公转轨道变圆（大约每 10 万年一次），地日距离变远导致地球温度降低，形成冰期。

（3）地球转速的变更，造成地壳运动，两极位置变化，海水退进。如地球转速加快时，两极寒冷的大气涌向赤道，全球气候从而变冷。

（4）强烈的地壳运动，使火山活动频繁，火山喷发出大量碎屑，遮天蔽日，减弱了太阳辐射的热能。强烈的地壳运动还会造成大陆上升，大量新岩石暴露于空气中，岩石风化使大气中保护地球热量不致散发的二氧化碳含量降低，造成气温下降、冰川活动，产生冰期。

（5）大陆漂移使各大陆相对两极的位置在不同时期发生不同的变化。在移近两极时气候寒冷，出现冰期，如石炭－二叠纪冰期，非洲、澳洲、南美洲、南极洲以及印度原是一个完整的古大陆。而非洲就是当时的南极。北极在太平洋中。所以那时南半球的古大陆都有冰川活动。

（6）地球南北磁极互相倒转的过渡时期，地磁场相当微弱，大气层中弥漫着带电粒子和宇宙尘，这时阳光被遮挡，地球气温下降，雨和雪断断续续，一下就是数百年，从而冰期到来。

（7）寒冷的北冰洋的海水通过海峡与温暖的太平洋、大西洋交流时，潮湿的气候使北冰洋上空大雪弥漫，结成冰盖，将大部分太阳辐射反射掉，致使全球气候变寒，冰期出现。

到底哪种假说更切合实际？是否还有什么其他原因？下一次大冰期何时来到？都有待人类继续探索。

古老的大陆

就像每个人有诞生日，有年龄一样，地壳也有自己的年龄。

科学家对不同大陆上的地壳岩石进行了抽样分析，认为大陆地壳的最早雏形出现在 37 亿~40 亿年前。大部分地壳的年龄在 28 亿年左右。现已发现的有 30 亿年以上高龄的地壳有近 10 余处，其中最老的"寿星"是格陵兰岛戈德霍普，它的高寿是 39.8 亿 ± 1.7 亿年。其次是：

古老的岩石

刚果南部，35.2亿±1.8亿年；

俄罗斯科拉半岛，34.6亿年；

沃罗涅兹河地区，34.4亿~34.8亿年；

美国明尼苏达州，33亿年；

南非德兰士瓦中部，32亿±0.7亿年；

美国蒙大拿州，31亿年；

斯威士兰，30.7亿±0.6亿年或34.4亿±3亿年。

随着地质年代测定数据的增多，人们可能还会发现岁数更古老的大陆地壳。

科学家从南非的前寒武纪岩石中，还发现了32亿年前的细菌化石，被命名为"伊索拉姆原始细菌"。这是目前已知的最古老的生物遗迹，可以说它是地球上最早的生命了。

深入地层探秘

人们用肉眼很容易看到地面和高空中的物体和许多自然现象，但要看地下的情况就不那么容易了。虽然人的肉眼看不了地下多深，但可以借助科学方法观测地下深处。这里所说的"地下"，一般理解为地球的内部。长期以来，认识地球内部主要是用间接的探测方法，即由地表观测和实验室模拟推断地下情况，而直接了解则是通过钻井来实现。在石油工业中，钻井是一种最常采用的勘探方法。然而，即使采用钻井，能够直接观测到地下的深度也很有限，世界上最深的油井只不过9千米左右。

近半个世纪以来，面对危及人类生存和发展的资源匮乏、环境恶化、自然灾害频繁肆虐等一系列紧迫问题，科学家们花费大量的精力来研究我们赖以生存的地球。据有关专家预测，21世纪后半叶，全球矿物资源的消耗量将呈持续增长的趋势。然而，出露地表或埋藏很浅的矿床却越来越少，因此寻找埋藏较深的大型隐伏矿床就变得日益重要了。还有，人类至今还无法抗拒强烈地震的巨大破坏力，地震预测是一个尚未解决的科学难题。由于我们无法直接地观测发生地震的地壳深处，因而对那个地方的物质组成和状态的认识依旧是不充分的。这些问题的最终解决在一定程度上依靠先进的探测手段，使我们能对地下进行直接探测和采样。

德国地球物理学家 K·富克斯在援引 B·布莱希特著的《伽利略传》中的一句话"天文学几千年来都没有发展，那是因为人们没有望远镜"时指出，地球科学也要有一架望远镜，那就是深部钻探和地球物理探测。深部钻探是验证根据地球物理探测建立起来的地球内部地质—地球物理模型的惟一直接方法。

地球内部圈层的比较：

内部圈层	界面	深度	波速变化	主要特点
地壳				由岩石组成，厚度不均
	莫霍界面			
地幔				上地幔上部有软流层
	古登堡面			
地核				温度高，压力、密度大

地球内部结构图表

按照通常的划分方法，深度 5000 米以内的钻探为普通钻探，5000～10000 米为深钻，10000 米以上为超深钻。深钻和超深钻的科学地位是无法用普通钻探所取代的。科学钻井必须有充分的理论、技术和装备的准备，因为这是一项耗资巨大、技术复杂而艰巨的系统工程。深钻和超深钻是在高温、高压和高腐蚀的地层中施钻的，因此必须解决一系列深钻技术和设备上的问题。例如，高温能引起普通钻头的急剧破坏和普通钻液的严重报废；地下流体将造成钻井和测井设备的变形和腐蚀。专家告诉我们，施工一口深度 10000～15000 米的超深井，其难度并不低于发射一颗人造地球卫星。到目前为止，世界上钻进达到 9000 米以上深度的国家只有俄罗斯、美国和德国。1974 年 4 月美国罗杰斯 1 号井的井深为 9583 米，是当时钻井的世界纪录。

科学钻探为人类认识地球内部打开了一扇窗户。通过科学钻探，人们能够"看到"地球内部的一些什么呢？在钻探过程中，必须连续取芯，并对岩芯、岩硝、岩粉和液体、气体的分析和测定以及各种量（温度、压力等）的井中测量，为认识地球内部提供宝贵的资料。自 20 世纪 60 年代以来，前苏联、美国、德国、瑞典、法国等国家通过本国科学钻探计划的实施，在钻井、取样和井下测量方面取得了大量科学成果。在我国，国家科委于 1977 年制定的"科学技术发展规划纲要"中已把超深井钻探工作列入学科发展计划。

世界第一口超深井位于科拉半岛波罗的地盾。前苏联科拉半岛超深钻施工始于 1970 年，在 1983 年 12 月达到 12066 米深度后因有意见分歧而停工。

一种意见认为，继续钻进在技术上并没有十分的把握，万一失败则钻井报废，前功尽弃，因此不如到此终止。另一种意见主张继续施工，达到预定深度，存在技术问题可以解决。结果后一种意见占了上风。在经过6年准备之后，俄罗斯于1990年1月5日恢复钻进，并计划到当年年底达到13000米。可是，在往后的一年半时间里钻进却不到600米，至1991年8月才达到12661米。此后再未见到关于科拉半岛继续钻进的报道。

美国在1963年曾提出一项莫霍面钻探计划，其目标是钻穿洋壳（厚度5～6千米），并达到莫霍界面。由于这一计划的理论准备不足，加之经费预算一增再增，结果中途夭折了。不过，美国在海洋科学钻探方面仍居世界领先地位。位于加利福尼亚州南端的索尔顿湖科学钻井是美国大陆科学钻探计划的第一口井，目的是研究岩浆加热的高温活动地热系统中物理和化学作用过程。井位选在索尔顿湖凹陷的科罗拉多河三角洲最北面的地热田中。计划井深3000米，估计温度为365℃。1985年10月开钻，次年3月终孔，井深为3220米，实际温度353℃。资料分析结果表明：地球内部的热液对流系统至少延伸到3220米以下；热液对流系统的"根部"尚未钻穿；在接近井底2881～2887米处，达到了侵入辉绿岩、可能代表岩浆驱动的对流系统的热源固结部分。

德国科学家于1974年提出一项大陆超深钻计划，在经过长时间的可行性研究后，于1985年2月才批准这一计划。它分三个阶段实施：确定钻孔位置、钻先导孔和钻主孔。钻孔位于巴伐利亚的上普伐尔茨。先导孔距离主孔200米左右，其目的是提高主孔钻进效率，并调查温度场分布，验证地应力、流体压力和孔隙压力，检验各种钻头、钻具和测井技术装备的可靠性和效率。先导孔于1987年9月开钻，1989年4月终孔，孔深4000.1米。随后又用了一年时间进行测井和试验工作。先导孔有许多新发现，其中令人惊异的是井底温度高达118.2℃，比预计高出了30℃，于是不得不修改主孔钻进深度，将其降至10～12千米。主孔于1990年10月6日正式开钻，1993年9月2日钻进到8312.5米，并计划至1994年钻进到10000米。

石油勘探的结果证明，反射波地震勘探方法在地壳浅部的沉积岩层中获得了很大的成功。但是，对于地壳深部由变质岩和岩浆岩组成的结晶岩，由于其矿物和化学成分、结构、物质性质千差万别，这些地球物理方法便不一定那么尽善尽美了。科学钻探在一些地区验证了地球物理方法取得的结果。

但必须指出的是，地壳深部的地球物理探测常常得不到钻探的证实。正如美国斯坦福大学德巴克教授所说："我们每打一口井，都会遇到意想不到的结果，这既令人兴奋又使人不安。"

鉴于科学钻探对了解地球内部是至关重要的，随着科学技术的发展，全世界的科学钻探计划一定会继续得到加强，相信不久之后，钻井将穿透地壳，穿过莫霍界面进入上地幔。

寒武纪

寒武纪，是古生代的第一个纪。"寒武"源自英国威尔士的古拉丁文"Cambria"。日文音译，我国沿用。因为是首先在那里研究的，故就地取名（Sedgwick，1835 年）。寒武纪开始于距今 5.42 亿年，延续时间为 5370 万年。寒武纪分为早寒武世、中寒武世和芙蓉世。动物群以具有坚硬外壳的、门类众多的海生无脊椎动物大量出现为其特点，是生物史上的一次大发展。

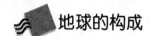

地球的构成

1. 地球的表皮

地球是由外部圈层和内部圈层两大部分构成的。地球的外部圈层包括大气圈、水圈和生物圈；内部圈层包括地壳、地幔和地核三部分。地壳是内部圈层的最外层，由风化的土层和坚硬的岩石组成，所以地壳也可称为岩石圈。地壳只占地球体积的 0.5%。如果把地幔、地核比作蛋清和蛋黄，那地壳就像蛋壳一样。

地壳的厚度在地球各地是不同的。有的地方较厚，如我国青藏高原，地壳的厚度可达 60~80 千米；有的地方较薄，如大西洋海盆厚度仅有 5~6 千米，太平洋海盆厚约 8 千米。海陆地壳的平均厚度约为 33 千米，仅占地球半径的 0.5%。

地壳虽然很薄，但它的上下层物质结构并不相同。地壳的上部主要由密度较小、比重较轻的花岗岩组成。它的主要成分是硅、铝等元素，因此，这

裸露的地表

一层又称为"硅铝层"。地壳的下部主要由密度较大、比重较重的玄武岩组成。它的主要成分是镁、铁、硅元素，所以这一层又叫做"硅镁层"。在大洋底部，由于地壳已经很薄，一般只有硅铝层而没有硅镁层。此外，在地壳的最上层，还有一些厚度不大的沉积岩、沉积变质岩和风化土，它们构成了地壳的表皮。

地壳并不是静止不动和永久不变的。在漫长的地球历史中，沧海桑田的巨变时有发生。大陆漂移、板块运动、火山爆发、地震等等都是地壳运动的表现形式。地壳还受到大气圈、水圈和生物圈的影响和侵蚀，形成各种不同形态和特征的地壳表面。其中土壤与人类活动的关系最为密切。

在地壳中，蕴藏着极为丰富的矿床资源。现在已探明的矿物就有2000多种，其中金、银、铜、铁、锡、钨、锰、铅、锌、汞、煤、石油等，都是人类物质文明发展所不可缺少的资源。

2. 地球的中间层

地幔介于地壳和地核之间，深度一般从地面以下33～2900千米，约占地球总体积的83.3%。因为它在地壳和地核的中间，所以又被称为"中间层"。

地幔可分为上下两层。上地幔由硅、氧、铁、镁等元素组成，其中铁、镁含量比地壳中的铁、镁含量多，因此这层又称为地幔硅镁层。一般认为，这里的大部分物质处于局部熔融状态，它像一条传送带，带动着地壳缓慢地移动，并促使地球下层的物质与上层物质进行交换。这里也是岩浆的发源地，广泛分布于地壳的玄武岩就是从这一层喷发出来的。下地幔除硅酸盐岩石外，金属氧化物与硫化物也显著增加，它的物质比重比上地幔物质比重要大，呈固体状态。

地球大气层的分布据推算，地幔层的温度高达1000℃～2000℃，内部压力达9000～382000个大气压，物质密度达3.3～4.6克/立方厘米。在这种高温、高压和高密度的环境条件下，物质处于一种塑性的固体状态。它好像沥青一样，在短时间内具有固体的性质，如果放久了就会变形，具有可塑性。

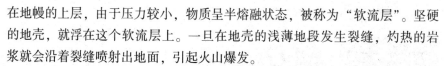

在地幔的上层，由于压力较小，物质呈半熔融状态，被称为"软流层"。坚硬的地壳，就浮在这个软流层上。一旦在地壳的浅薄地段发生裂缝，灼热的岩浆就会沿着裂缝喷射出地面，引起火山爆发。

地幔层是一个广阔的地下世界，人们至今知之甚少，还有待我们去做进一步的探索。

3. 地球的中心

地核是地球的核心。从下地幔的底部一直延伸到地球核心部位，距离约为 3473 千米。据科学观测分析，地核分为外地核、过渡层和内地核三个层次。外地核的厚度为 1742 千米，平均密度约 10.5 克/立方厘米，物质呈液态。过渡层的厚度只有 515 千米，物质处于由液态向固态过渡的状态。内地核厚度 1216 千米，平均密度增至 12.9 克/立方厘米，主要成分是以铁、镍为主的重金属，所以地核又称铁镍核。

地核的总质量为 1.88×10^{21} 吨，占整个地球质量的 31.5%，体积占整个地球的 16.2%。地核的体积比太阳系中的火星还要大。由于地核处于地球的最深部位，受到的压力比地壳和地幔部分要大得多。在外地核部分，压力已达到 136 万个大气压，到了核心部分便增加到 360 万个大气压了。这样大的压力，我们在地球表面是很难想象的。科学家做过一次试验，在每平方厘米承受 1770 吨压力的情况下，最坚硬的金刚石也会变得像黄油一样柔软。

地核内部不仅压力大，而且温度也非常高，估计可高达 2000℃ ~5000℃，物质的密度平均在 10 ~ 16 克/立方厘米。在这种高温、高压和高密度的情况下，我们平常所说的"固态"或"液态"概念已经不适用了。因为地核内的物质既具有钢铁那样的"钢性"，又具有像白蜡、沥青那样的"柔性"（可塑性）。这种物质不仅比钢铁还坚硬十几倍，而且还能慢慢变形而且不会断裂。

地核内部这些特殊情况，即使在实验室里也难模拟，所以人们对它了解得还很少。但有一点科学家是深信不疑的：地球内部是一个极不平静的世界，地球内部的各种物质始终处于不停息地运动之中。有的科学家认为，地球内部各层次的物质不仅有水平方向的局部流动，而且还有上下之间的对流运动，只不过这种对流的速度很小，每年仅移动 1 厘米左右。有的科学家还推测，地核内部的物质可能受到太阳和月亮的引力作用而发生有节奏的震动。

4. 地球的骨架——岩石

岩石是地壳的基本物质。雄伟的泰山，险峻的华山，奇秀的黄山，神秘

的庐山，都是由各种岩石组成的山地。

庐山美景

组成岩石的化学元素基本上有 8 种，称为八大元素——氧、硅、铝、铁、钙、钠、钾和镁。岩石的种类繁多，形态、结构、颜色也各异，但就其成因来说，可分为岩浆岩、沉积岩和变质岩三大类。

岩浆岩又叫火成岩，是组成地壳的基本岩石，它是由岩浆活动形成的。岩浆活动有两种：一种是岩浆从火山口喷出地表，然后冷却凝固变成岩石，这样形成的岩石叫做喷出岩。大陆地壳中最常见的喷出岩就是玄武岩。"玄武"是中国古代神话中一位身穿黑袍站在龟蛇背上的神，因玄武岩的颜色也是黑黝黝的，所以中国的地质学家就给它起了这个名称；另一种是岩浆从地球深处沿地壳裂缝处缓缓侵入而不猛烈喷出地表，然后在周围岩石的冷却挤压之下固结成岩石，这样形成的岩石叫侵入岩。地壳中最常见的侵入岩就是花岗岩。花岗岩的颜色非常美丽，呈粉红色，其中还均匀地散布着黑色的云母晶体。它不透水，能保持水分，而且还含有丰富的钾、钠等矿物成分，因此由花岗岩风化而成的土壤特别肥沃。我国风景秀丽的黄山、华山和衡山，都是由花岗岩组成的。

沉积岩是地壳最上部的岩石，它是由亿万年前的岩石和矿物经水、风或冰川的搬运、冲刷堆积而成的。常见的砂岩、页岩和石灰岩都是沉积岩。煤和石油是一种特殊的沉积岩。层层叠叠的结构，是沉积岩最显著的特征。地壳中的沉积岩分布很广，但在印度地区和非洲大陆却很少发现。

岩浆岩和沉积岩在受到高温、高压或外部各种化学溶液的作用时，其内部结构要重新组合，矿物也会发生重结晶现象，这样便形成了变质岩。地壳中变质岩的分布很广，而且具有很大的实用价值，许多矿床，如铁、金、石墨、石棉、滑石等都和它有密切的关系。

岩石也是一种自然资源，现在多用于建筑业，岩石的其他功用还有待我们去开发利用。

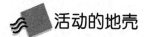

活动的地壳

地球最初是一个旋转的流体，大约在 40 亿年前，地球表面产生了一些结晶的岩石，这就是地壳的雏形。现在地球上发现的最古老的地壳岩石大约形成于 35 亿年前。大约 28 亿年前时，地壳、大气层和海洋基本定形。至于原始地壳是如何形成的，目前说法不一。起初有人认为，地壳是地球冷凝固结的外壳；后来有人提出地壳是地球长期演变的结果；到了现代，人类飞上月球，受月球陨石坑的启发，认为地球也像月球一样经历过天体的碰撞。地壳是天体撞击后，地表物质熔融，引起岩浆喷溢，填塞了凹坑，最终形成了地壳。

原始地壳发展至今，早已面目全非了。现在人们借助深海探测器和深海钻探技术，发现地壳是由 6 个弧形板块拼接而成的。10 亿年来，地壳的发展就是受这 6 个板块的牵制。大约 2 亿年前，地球上还没有七大洲，只有两大洲：北半球的劳亚古陆，南半球的贡瓦纳古陆。两大古陆中间是古地中海，后来，地幔内的物质流动，推动地壳运动，使这两块古大陆分裂成数块，各自按一定的方向漂移。如当时属于贡瓦纳

地壳及各大板块

古陆一部分的印度半岛就曾以 0.7～16 厘米/年的速度向北漂移，浮过了赤

道。大约 6000 万~3000 万年前，它撞上了北方古陆，在原是一片海洋的地方撞起了喜马拉雅山脉。直到今天，喜马拉雅山还在继续长高呢。科学家对岩层磁化强度、成分以及岩石中已灭绝的有机体化石的研究发现，美国的阿拉斯加州的一部分竟是从澳大利亚东部裂开来的，经漫长岁月的漂移，漂过太平洋，经过秘鲁海岸，又刮走了一部分加利福尼亚的金矿，最后紧贴在阿拉斯加大陆上。

不仅陆壳在运动，洋壳也在运动。太平洋中的洋壳以 4.5 厘米/年的速度向西扩张，新洋壳不断生长，向东漂到日本东岸。

2 亿多年的沧桑巨变，才形成了现在的七大洲四大洋。今后地球还会变成什么模样，就看地壳怎么运动了。

 ## 地球的尾巴

航天航空技术的发展使人类大开眼界，看到了宇宙星空中一个又一个前所未闻的有趣现象。

探索太空的登陆舱

近年来，科学家从探测卫星发回的资料中就发现了地球的一个大秘密：原来地球竟然也像彗星一样，拖着一条长长的大尾巴，只不过彗星的美丽尾巴凭肉眼可以看见，而地球的尾巴却不是我们肉眼所能看见的。地球的尾巴总是长在背向太阳的一面，状似前粗后细的圆柱体，长达数百个地球半径，直径约为 40 个地球半径。地球怎么会长出尾巴了呢？

原来这是太阳风与地球的两极磁场互相作用造成的。太阳风到达地球附近时，使地磁场的磁力线向后弯曲。朝向太阳一面的地磁场被压缩成一个球面形，而背向太阳一面的地磁场被

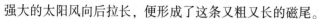

强大的太阳风向后拉长，便形成了这条又粗又长的磁尾。

除了尾巴，在地球 500 千米和 60000 千米的高空分别还有两条神秘的"腰带"呢。较近的一条叫内辐射带（或内范艾伦带）；较远的称为外辐射带（或外范艾伦带）。探索太空的宇宙飞船每经此处，常常迫于一股强大的能量而不得不绕行。这是怎么回事？原来是太阳不停地发射带电粒子，这些粒子被地磁场俘获，束缚在一定距离的高空，便形成了这两条带有许许多多电子和质子的具有很大能量的神秘"腰带"，据说，它们还是产生地球极光的根源。

宇宙飞船揭示的地球的秘密还远不止这些。科学家发现，在地球的大气层外，有一层半透明的尘埃云包围着地球，仿佛给地球蒙上了一层"面纱"。这层"面纱"其实也跟地球的尾巴一样，是由宇宙尘粒构成的，它的密度非常大，1000 个排在一起还不到 1 毫米。

磁力线

磁力线，又称磁感线，在磁场中画一些曲线，用（虚线或实线表示）使曲线上任何一点的切线方向都跟这一点的磁场方向相同（且磁感线互不交叉），这些曲线叫磁感线。磁感线是闭合曲线。规定小磁针的北极所指的方向为磁感线的方向。磁铁周围的磁感线都是从 N 极出来进入 S 极，在磁体内部磁感线从 S 极到 N 极。

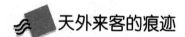 **天外来客的痕迹**

1. 地球上陨石坑的数量

在地球演化的漫长历史中，天外来的大小陨石曾频繁地袭击地球，这些"天外来客"冲力大得惊人，一个直径为 200 米的天体，如果以每秒 25 千米的速度撞击地球，所产生的能量就相当于 1 亿吨 TNT 黄色炸药爆炸时释放的能量，可在地面撞成一个直径为 4 千米的陨石坑。早期的地球表面，也像今天的火星和水星表面一样，密密麻麻的尽是陨石坑。只因地球的外壳比其他

行星薄，加上地质作用的破坏和沉积物的覆盖，以及大气圈持续不断地侵蚀，地球历史中在地表面形成的陨石坑所剩无几。

迄今为止，世界上发现的陨石坑仅有300多个。大的直径达100千米以上，小的仅有几米。南极洲威尔克斯兰德陨石坑直径240多千米，可谓世界陨石坑之最了。世界第二大的是西伯利亚的波皮盖陨石坑，直径100千米。我国境内最大的陨石坑是1986年7月根据卫星提供的线索，在河北和内蒙古相邻地区发现的一个特大陨石坑，内环直径75千米，外环直径约为150千米，据推测，它形成于距今1.4亿年之久的侏罗纪和白垩纪之间，是个极有研究价值的陨石坑。当今世界最大的陨石——中国东北地区发现的吉林1号陨石，形成的陨石坑仅长2.1米，宽2米，深6.5米。

人们从卫星图像上还发现了一个位于青藏高原昆仑山南麓大约5000平方千米范围内的陨石坑群。这个陨坑群由20多个大小不等、成几何状排列的陨石坑组成。整个陨石坑群呈东西方向、条带状分布，大的长径3千米，短径2千米；小的直径1千米左右。从陨石坑西北方隆起部分高于东南部这一现象分析，说明陨星是从西北方向斜冲而下的。

有些陨石坑常被水充填，形成了现代湖泊。我国秀丽如画的太湖，就是一个灌满水的大陨石坑。

近年来，人们从卫星照片上发现地球表面，尤其在古老变质岩区，有许多环形构造，它们是否为天外来客拜访地球留下的印记，今天还有待进一步研究。

2. 陨石坑中的秘密

对地球上陨石坑的探测和研究，不仅出于人们对"天外来客"的好奇，而且它具有重要的军事、经济等科学价值。

当具有一定重量（10～100吨）的陨石以超高速（10～70千米/秒）撞向地球时，可以产生高达数百万个大气压的冲击波压力。如此巨大的冲击波会将地面撞成圆形或椭圆形凹地——陨石坑。与此同时，冲击波以超声速前进，产生1500℃以上的高温，不仅使地表岩石中的物质迅速熔化、气化、变形、变质，而且能引起陨石中的成矿元素迁移、富集，形成矿床。加拿大有个世界闻名的德贝里铜、镍硫化物矿床。传统观点认为铜镍矿是岩浆熔离作用形成。近几年，越来越多的人认为德贝里铜镍矿床是陨石撞击地面的产物。理由是矿床恰恰在长径60千米、短径30千米的椭圆形陨石坑边缘，而且成矿

元素铜、镍、钴等不是来自地球，而是来自陨石。

地球历史演化中发生的一桩桩陨石撞击地球事件，除了形成陨石坑和一些矿床外，还可能隐藏着更大的秘密，影响了地球的演化和生命的发展。人们发现6500万年前，在地球史上白垩纪和第三纪之间的沉积岩层中，铱和其他重金属元素出奇的丰富，铱并不是地壳的造岩元素，而是典型的陨石元素。与这个异常现象相联系的，是这一时期地球动物种类的大量灭绝。雄霸地球长达16000万年的巨型爬行动物恐龙，就在这个时期突然奇迹般地惨遭灭种之灾。我们似乎从陨石坑里找到了这一千古之谜的答案。

人们推测：在白垩纪末期，巨大的陨石撞击了地球，产生了强烈的冲击波和冲击压力，击起的灰尘和碎石块遮天蔽日，地球长期被黑暗笼罩，植物的光合作用停止，动物的食物遭到破坏，导致恐龙灭绝。或是巨大的陨石撞击地球后，大气发生了变化，臭氧层遭到破坏，大量紫外线穿"洞"而入，直射地面，使大地生灵遭到毁灭性的破坏。或是陨石带来大量铂族金属铱或氟化物等有毒物质，毒死了

美国加利福尼亚大陨石坑

恐龙。据说，像这种陨石造成的巨大灾变大约在3800万年前的第三纪始新世和渐新世也发生过，这个时期北半球哺乳动物群和植物群系以及赤道海洋里的生物放射线虫，迅速灭绝了70%。

对陨石坑的研究，有时还会给人们带来意想不到的成果。几年前，美国科研人员从卫星照片上发现在浩瀚的北非撒哈拉大沙漠有一个直径4千米的多边形陨石坑。在强劲的风沙流的侵蚀下，陨石坑边缘已被严重磨损掉。科学家们根据陨石坑形成的时代分析，测量出了风沙对岩石的磨蚀速率。你看，陨石坑又为风沙地貌学研究提供了有价值的资料。有些地方，陨石坑还成为人们观光旅游的景区呢！

多变的地理地貌

太阳系中只有地球有着与众不同的景观，峰峦叠嶂，错落有致。之所以会有如此多样的地表形态，完全是因为地球内外的各种运动。例如地球的内力造成了地表的起伏，形成了海陆分布和各种不同的地域形态，而外力如风化、剥蚀、搬运和堆积等作用就如雕塑大师一样对地球的外表进行艺术雕刻，形成了山谷，平原等。在内外力的作用下，地球才有了千变万化的地理地貌，形成了各种引人入胜的地理奇观。如今，美丽的地球仍然没有停止运动，它的面貌依然在悄然改变，引诱人们向更高深的地理科学进军。

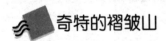

奇特的褶皱山

人脸上的皱纹是其饱经风霜的见证，地球上的褶皱是地球经历亿万年动荡留下的痕迹。我们知道，一块坚硬的钢板，只要施加足够大的外力，也会弯曲甚至断裂。所以，即使由坚硬岩层组成的地壳，在一定条件下，也会发生扭曲和褶皱。

坚硬的岩层具有一定的弹性，当它受到地壳运动的强烈挤压、拉张和扭曲时，会把内力慢慢地在岩层里聚集起来，就像我们拉张弹弓一样。年长日久，这个力越聚越大，最后终于超过了岩层本身的强度，使得岩层承受不了而发生弯曲甚至断裂。地质学上，把这种岩层由于受到水平方向力的挤压而发生波状弯曲但没有失去连续性和完整性的现象称为褶皱。

褶皱有多种形式，最基本的是向斜和背斜两种。

向斜褶皱是指岩层"大波纹"中向下弯曲的部分。向斜中间部分的岩层时代较新，两侧愈变愈老。背斜褶皱是指岩层"大波纹"中向上隆起的部分。背斜中间部分的岩层时代较老，两侧愈变愈新。在一般条件下，背斜形成山峰，向斜形成谷地。但有时往往相反。因

地理奇观——褶皱

为褶皱形成后，如果地壳再次经历强烈的动荡，那么这些褶皱会再次受到挤压甚至倒置，或者向斜被抬升、背斜被降低，因此出现了十分复杂的地质情况。凡是向斜成山、背斜成谷的现象，称为"地形倒置"或"负地形"。

世界上有许多著名的山脉都是由地壳褶皱运动形成的。从欧洲的阿尔卑斯山到亚洲的喜马拉雅山一带，是世界上最长的一条东西向褶皱带，其中包括高加索山脉、兴都库什山脉等。

喜马拉雅山是褶皱山脉，褶皱构造常常与大型油田联系在一起。有时，大的背斜能形成穹隆状构造，就像把地壳"挤"出一座圆形仓库，它的内部成了良好的"储油罐"。世界上许多油田开采者都在抽取这种"油罐"中的石油，成本则更低。我国的大庆油田就是其中之一。

悄悄运动的大陆板块

地球上有六个巨大的陆块——欧亚大陆、非洲大陆、北美洲大陆、南美洲大陆、澳大利亚大陆和南极洲大陆。在这六大块大陆的四周还星罗棋布地布满了许多岛屿，大陆和它四周的岛屿合起来称为"洲"。全球共有七大洲，按面积大小依次为亚洲、非洲、北美洲、南美洲、南极洲、欧洲、大洋洲。这七个洲总面积约有 14948 万平方千米，占全球总面积的 29%，其余 71% 的面积都是海洋。

地球大陆的地貌结构错综复杂、形态各异。有高原、山脉、平原、河流和盆地等。世界上最高的高原是我国的青藏高原，平均高度在海拔4000米以上。世界上最大的高原是南美洲的巴西高原，面积达500万平方千米。世界上最长的山脉是南北美洲大陆的科迪勒拉山系，它纵横南北美洲大陆西部，绵延1.5万千米，其中南美洲西海岸的安第斯山脉，全长约9000千米。世界的最高峰是喜马拉雅山主峰——珠穆朗玛峰，高度为海拔8848米。世界上最大的平原是南美洲的亚马孙河平原，面积达560万平方千米。最平坦的平原是俄罗斯的西西伯利亚平原。

大陆各个板块与高原、山脉形成强烈对比的是盆地和洼地。世界上最低的盆地是我国新疆的吐鲁番盆地，它的最低点为海拔－154米。最低的洼地在亚洲西南边缘约旦与巴勒斯坦之间的"死海"，其水面高度比海拔低397米。

地球大陆上还有众多的河流和湖泊。世界上最长的河流是非洲的尼罗河，全长6670千米。其次是南美洲的亚马孙河，全长6400千米。我国的长江全长6300千米，名列第三。世界最大的淡水湖是北美洲中部高原地区的苏必利尔湖，面积82410平方千米；最大的咸水湖是亚洲西部的里海，面积约37万平方千米。

长江中下游平原

地质学家研究认为，在太古时代，地球上所有的陆地都是连在一起的，后来因强烈的地壳运动，这块大板块四分五裂，分散漂移而形成了现今的海陆分布。科学家们惊奇地发现：地球上的七大洲大陆有点像"七巧板"，可以相当吻合地拼合在一起。其中北美洲和南美洲组成一对，欧洲和非洲组成一对，亚洲和澳洲组成一对，这三对大陆自西向东排列在一起，构成了原始的大板块，剩下的南极洲正好补在三对大陆在南半球的空缺位置上。后来，这七块板块逐渐发生断裂：亚洲与澳洲分离，欧洲与非洲分离，美洲大陆和欧非大陆分离，南极大陆也孤零零地越漂越远。直至今日，这些大陆板块还在悄悄地移动呢。

知识点

东非大裂谷

东非大裂谷，是世界大陆上最大的断裂带，从卫星照片上看去犹如一道巨大的伤疤。亦称"东非大峡谷"或"东非大地沟"，是世界上最大的裂谷带，有人形象地将其称为"地球表皮上的一条大伤痕"。据地质学家们考察研究认为，大约3000万年以前，由于强烈的地壳断裂运动，使得同阿拉伯古陆块相分离的大陆漂移运动而形成这个裂谷。

地球的三大分界线

1. 南北半球的分界线——赤道

赤道，在地球中部，是通过地球中心垂直于地轴的平面和地球表面相交的大圆圈，是个赤日炎炎、骄阳似火的地方。在赤道地区，太阳终年直射，气温高，天气热，是有名的热带。

它像一条金色的腰带，把地球拦腰缚住，并把地球平分为南北两个半球。赤道是南北纬度的起点（即零度纬线），也是地球上最长的纬线圈，全长40075.24千米，所以住在赤道上的人能够"坐地日行8万里"。一架时速为800千米的喷气式飞机，要用50小时才能飞完这段距离。

赤道穿过地球上的许多国家。非洲的加蓬、刚果、扎伊尔、乌干达、肯尼亚、索马里、马尔代夫以及亚洲的印度尼西亚，美洲的厄瓜多尔、哥伦比亚和巴西等国家都有赤道线通过。在这些国家里，人们用不同的标志来表示赤道线。例如，在刚果，人们用许多沿直线排列的小石柱表示赤道线，这些小石柱又称赤道桩。赤道桩高不足一米，可以很容易地跨过它，所以人们可以一会儿在北半球，一会儿又在南半球。据说在700多年前，厄瓜多尔首都基多城附近是太阳一年两次来往于南、北半球所经过的地方，他们称这里为"太阳之路"。后来，科学家证实了这一说法，市民们就在基多市郊外修建了一座赤道纪念碑。纪念碑高10米，碑身四面刻有表示东南西北四个方向的字样。碑顶放着一个石刻地球仪，地球仪腰部，有一条标志赤道方位的白线，一直延伸到碑底的石阶上，这就是地面的赤道线。

2. 热温带的分界线

回归线，是太阳每年在地球上直射来回移动的分界线。地球上并没有这样的线，只是人们为了便于说明问题设想的。

地球在围绕太阳公转时，地轴（地球自转轴）与黄道面（公转轨道平面）永远保持66°33′的交角。也就是说，地球总是斜着身子在绕着太阳旋转。这样，地球有时是北半球倾向太阳，有时又是南半球倾向太阳，因而太阳光直射地球的位置会随时间而发生南北的移动。到夏至这一天，太阳光直射北纬23°30′的纬线上。过了夏至，太阳光逐渐南移，北半球受太阳照射的时间逐渐减少。北纬23°30′的纬线是太阳光在北半球上直射点的最北界限，因此把这条纬线称为北回归线。冬至时太阳光直射在南纬23°30′的纬线上，冬至过后，太阳光又开始逐渐北移，到夏至时，再次直射北回归线。南纬23°30′的纬线则是太阳光在南半球上直射点的最南界限，因此把这条纬线称为南回归线。

位于中国台湾省的地球北回归线标志

南北回归线是热带和南北温带间的分界线。北回归线和南回归线之间的地区为热带，这里太阳终年直射，获得的热量最多；北回归线和北极圈（北纬66°30′）之间的地区为北温带，南回归线和南极圈（南纬66°30′）之间的地区为南温带。温带地区太阳终年斜射，获得的热量适中。我国大部分地区位于北温带内，属于温带气候。

1985年以前，地球表面的回归线的惟一标志是我国台湾省嘉义县的"北回归线标"石碑，它表明北回归线从那里经过。1985年7月15日，我国在广东省从化县又建立了一座高达27.55米的北回归线标志塔。塔身呈火箭形，东、西、南、北各有拱门。塔底正中铺有大理石，以红色玛瑙嵌入中圆点，以示太阳直射位置。顶部是直径为120厘米的铜球，球中间通有圆孔，供太阳直射校验时用。

3. 温寒带的分界线

地球上南、北纬 66°33′ 的两条纬线圈，在南半球的称南极圈，在北半球的称北极圈。南北极圈是地球上五个气候带中温带和寒带之间的分界线。

极昼和极夜是只有在南北极圈内才能看到的一种奇特的自然现象。当出现极昼时，在一天 24 小时内，太阳总是挂在天空；而当出现极夜时，则在一天 24 小时内见不到太阳的踪迹，四周一片漆黑。南北极圈夏季，在北极圈上和北极圈内，全地区都有日数不等的极昼；冬季，则有日数不等的极夜。在南半球的情况正好相反，夏季，在南极圈上和南极圈内，全地区都有日数不等的极夜；冬季，则有日数不等的极昼。南、北极圈内气温低，因此分别称为南寒带和北寒带。

产生极昼或极夜现象的原因：地球环绕太阳旋转（公转）的轨道是一个椭圆，太阳位于这个椭圆的焦点上。由于地球总是侧着身子环绕太阳旋转，即地球自转轴与公转平面之间有一个 66°33′ 的夹角，而且这个夹角在地球运行过程中是不变的。这样就造成了地球上的阳光直射点并不是固定不动，而是南北移动的。在一年中的春分和秋分，太阳光直射在赤道上，这时地球上各地昼夜长短都相等。春分以后，阳光直射点逐渐向北移动，这时，极昼和极夜分别在北极和南极同时出现。直到夏至日时，太阳光直射在北回归线上，整个北极圈内都能看到极昼现象；而整个南极圈内都能看到极夜现象。到冬至日时，太阳光直射在南回归线上，这时整个南极圈内都能看到极昼现象，而整个北极圈内都能看到极夜现象。

地球上的时间

地球总是自西向东自转，由于日出东方，东边总比西边先看到太阳升起，东边的时间也总比西边早。东边时刻与西边时刻的差值不仅要以时计，而且还要以分和秒来计算，这给人们的日常生活和工作带来许多不便。

为了克服时间上的混乱，1884 年在华盛顿召开的一次国际经度会议上，规定将全球划分为 24 个时区。它们是中时区（零时区）、东 1～12 区、西 1～12 区。每个时区横跨经度 15 度，时间正好是 1 小时。最后的东、西第 12 区各跨经度 7.5 度，以东、西经180 度为界。每个时区的中央经线上的时间就是这个时区内统一采用的时间，称为区时。相邻两个时区的时间相差 1 小时。例如，我国处在东 8 区，这个区的时间总比泰国东 7 区的时间早 1 小时，而比日本东 9 区的时间晚 1 小时。因此，出国旅行的人，必须随时调整自己的手表，才能和当地时间相一致。凡向西走，每过一个时区，就要把表拨慢 1 小时；凡向东走，每过一个时区，就要把表拨快 1 小时。

格林尼治大笨钟

实际上，世界上不少国家和地区并没有不严格按时区来计算时间。为了在全国范围内采用统一的时间，一般都把某一个时区的时间作为全国统一采用的时间。例如，我国把首都北京时间和乌鲁木齐时间作为全国统一的时间。又例如，英国、法国、荷兰和比利时等国，虽地处中时区，但为了和欧洲大多数国家时间相一致，都采用东 1 区的时间。

在 1884 年召开的华盛顿国际经度会议上，虽然规定了计算各个地方时间的方法，但是在一些重大的全球性活动中，还需要有一个全球范围内大家都共同遵守的统一时间。因此，又规定了国际标准时间。它要求全球范围内都以零经度线上的时间作为国际上统一采用的标准时间。因为零经度线通过英国格林尼治天文台，所以国际标准时间也称为格林尼治时间，又称世界时。

国际标准时间的应用比较广泛，它最先用于航海时的定时定位，后来在南极科学考察中也得到应用。在南极洲，纬度很高，经线特别集中，时区范围很窄，加上那里太阳出没和中午都不太明显，时间与当时人们的作息活动关系不大，因此在南极洲的科学考察站中都采用国际标准时间。此外，国际标准时间还用于国际协定、国际通讯、天文观测和推算以及一些国际性事务中，以取得全球的一致性，免得忙出笑话和争议来。

记录地球历史的石头天书

　　地球的年龄大约有 46 亿岁了。地质学家发现，铺盖在原始地壳上的层层叠叠的岩层，是一部地球几十亿年演变发展留下的"石头天书"，地质学上叫做地层。

　　翻开这本硕大无比的自然之书，地质学家找到了许多隐埋其中的特别文字和图画——化石。其中有人类祖先古猿的化石；此外，又发现了许多爬行类动物和两栖类动物及鱼类的化石；最后几页，找到了一些藻类和原始细菌的残骸。

　　不同的地质年代都有各自的地层特性。地层包括各个不同地质年代所形成的沉积岩、变质岩和岩浆岩。地层形成的历史有先有后，一般说来，先形成的地层在下，后形成的地层在上，越靠近地层上部的岩层形成的年代越短。在地层的形成过程中，生物也不停地从低级阶段向高级阶段进化发展。当某一时期的生物死亡后，就被掩

雁荡山中的岩石记载了历史的变迁

埋在土壤之中，经过地质历史的变迁，它们以化石的形式保留在原来的地层中。于是，不同时期的地层便有不同的生物化石相对应，这样，地质学家就可根据化石的种类、形态来判断地层的新老关系，区分出各种不同地质年代的地层结构。比方说，在今天的大海里生存着许多海生动物，每种海生动物对生活环境（如温度、光照、水深等）都有不同的要求。如果我们今天在远离海洋的太行山某一地层中发现了与现代类同的海洋动物的化石及海洋沉积物，那么可以肯定，在久远的过去，这里必然是一片汪洋大海，并可由此推断出当时海洋的一些大致情况。事实也正是如此，我国北宋时期的著名科学家沈括，在他所著的《梦溪笔谈》一书中，记述了他当年考察太行山和浙江

雁荡山时，都在山地的崖壁间发现了许多卵石和螺蚌壳化石，从而证明这些地方古时候曾被大海所淹没过，地质历史的变迁真是巨大。

据科学家用放射性同位素测定，世界上最古老的地层已有40亿~45亿年历史。地层从最古老的地质年代开始，层层叠叠地到达地表。不论在陆地还是水中，地层中的堆积物的性质和组织结构都不尽相同，它代表着不同地质年代的自然地理状态。因此，地层是记录地球发展状况的历史书。地质学家通过地质年代表把它记录下来。这个地质年代表，由国际地质学会于1881年正式通过，以后又经过不断修订补充，一直沿用到现在。

《梦溪笔谈》

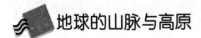

《梦溪笔谈》，是北宋的沈括所著的笔记体著作，大约成书于1086—1093年，收录了沈括一生的所见所闻和见解。《梦溪笔谈》详细记载了劳动人民在科学技术方面的卓越贡献和他自己的研究成果，反映了我国古代特别是北宋时期自然科学达到的辉煌成就，英国科学史家李约瑟评价《梦溪笔谈》为"中国科学史上的坐标"。

地球的山脉与高原

地球陆地的表面，有许多蜿蜒起伏、巍峨奇特的群山。各座高山由山顶、山坡和山麓三个部分组成，平均高度都在海拔500米以上。它们以较小的峰顶面积区别于高原，又以较大的高度区别于丘陵。这些群山层峦叠嶂，群居一起，形成一个个山地大家族。

1. 山地

山地的表面形态奇特多样，有的彼此平行，绵延数千千米；有的相互重叠，犬牙交错，山中有山，山外有山，连绵不绝。山地的规模大小也不同，按山的高度分，可分为高山、中山和低山。海拔在3500米以上的称为高山，海拔在1000~3500米的称为中山，海拔低于1000米的称为低山。按山的成因又可分为褶皱山、断层山、褶皱—断层山、火山、侵蚀山等。褶皱山是地壳

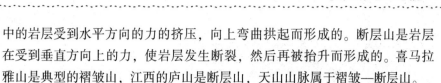

中的岩层受到水平方向的力的挤压，向上弯曲拱起而形成的。断层山是岩层在受到垂直方向上的力，使岩层发生断裂，然后再被抬升而形成的。喜马拉雅山是典型的褶皱山，江西的庐山是断层山，天山山脉属于褶皱—断层山。

2. 山脉

山脉是沿某一方向延伸的山岭系统，一般都由几条或多条山岭组成。它们排列有序、脉络分明，犹如大地的骨架。几条走向大致相同的山脉排列在一起，又可构成一个更为巨大的带状山地，叫山系。山地是大陆的基本地形之一，分布十分广泛。尤其是亚欧大陆和南北美洲大陆分布最多。我国的山地大多分布在西部，喜马拉雅山、昆仑山、唐古拉山、天山、阿尔泰山都是著名的大山。

世界上最为著名的山脉有亚洲的喜马拉雅山脉、欧洲的阿尔卑斯山脉、北美洲的科迪勒拉山脉、南美洲的安第斯山脉等。喜马拉雅山脉东西长 2400 千米，南北宽 200 多千米，平均海拔在 5000 米以上。位于欧洲的阿尔卑斯山脉，主峰勃朗峰呈掌状向四周延伸。向东延伸的有喀尔巴阡山脉、巴尔干山脉以及高加索山脉；向南延伸的有亚平宁山脉；向东南延伸的有狄那尔阿尔卑斯山脉；向西延伸的有比利牛斯山脉。位于北美西部的科迪勒拉山脉，长 7000～8000 千米，它的支脉与南美西部的安第斯山脉相接，构成世界上最长的山系（全长 1.7 万千米）。山脉与人类和动植物的生存、演变息息相关，不同的山脉及其环境特点，影响了不同的民族和国家的历史、习俗与生存环境。

喜马拉雅山脉和阿尔卑斯山脉都是世界上最年轻的山脉。据地质考察，在中生代时期，这里还是浩瀚的大海。在这两座大山脉的沉积岩层中，科学工作者曾发现大批代表海洋环境下生长的菊石类和鱼龙等化石。经测定，这些化石是在中生代形成的。更引人注意的是，这两座巍峨的大山至今还在继续抬升中。

山脉所在地区也是地壳运动最为剧烈的地方，火山、地震常在这些地区发生。如阿尔卑斯山脉南支亚平宁山脉的维苏威火山、安第斯山脉北段的科帕克西火山，都是世界上著名的大火山。

由于山脉海拔特别高，在不同的高度上，自然条件差异很大。温度和水分的多少决定了植物世界的分布状况，雪线以下的高山植被呈垂直分布，雪线以上则常年积雪。即使在赤道地区，山脉的峰顶也是白雪皑皑，寒气刺骨。非洲赤道附近的乞力马扎罗山，海拔 5600 多米，顶峰布满白雪，人们称之为"赤道雪冠"。

丘陵地带人民的生活环境

3. 连绵的高地

丘陵是陆地上起伏和缓、连绵不断的高地。它的海拔高度一般在 200 米以上、500 米以下。孤立存在的叫丘，群丘相连的叫丘陵。丘陵一般都比较破碎低矮，没有明显的脉络，顶部浑圆，坡度较缓和，它是山地久经侵蚀的产物。

在地貌演变过程中，丘陵是山地向平原过渡的中间阶段。从地形的位置来看，丘陵一般多分布于山地或高原与平原的过渡地带，但也有少数丘陵出现于大片平原之中。从气候成因上分析，多雨地区的丘陵多于少雨地区。连绵起伏的丘陵，总能给人以无尽的遐想。

丘陵在陆地上的分布很广泛。在欧亚大陆和南北美洲，都有成片的丘陵地带。在北美洲，阿巴拉契亚山和五大湖之间有一片丘陵地。在南美洲，亚马孙平原与巴西高原的交接地带，分布着大片的丘陵。在欧洲，法国的东部从朱拉山以西起，到德国的慕尼黑、法兰克福一带都是丘陵地带。我国也是一个多丘陵的国家，全国丘陵面积有 100 多万平方千米，占全国总面积的 1/10。规模较大的丘陵有江南丘陵、闽浙丘陵、山东丘陵、辽东丘陵等。

丘陵地区降水量较充沛，适合各种经济林木和果树的栽培生长，对发展多种经济十分有利。

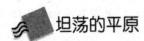

坦荡的平原

大地平原

平原是陆地上最平坦的地域，它好像是铺在大地上的绿色地毯，坦荡辽阔，一马平川。平原地貌宽广低平，起伏很小，海拔多在 200 米以下。世界平原总面积约占全球陆地面积的四分之一。

平原按成因可以分成两类：一类是冲积平原，主要由河流冲积而成。它的特点是地面平坦，面积广大，多分布在大江、大河的中、下游两岸地区。另一类是侵蚀平原，主要由海水、风、冰川等外力不断剥蚀、切割而成，这种平原地面起伏较大。

海浪的侵蚀作用

我国的华北平原是一个地域辽阔的典型的冲积平原。它的形成一直可以追溯到1.3亿多年以前的燕山运动时期。那时我国北方地区曾发生过一次强烈的地壳运动，山西与河北交界的地带猛然隆起，形成高耸的太行山。东面的华北平原地区断裂下陷，被海水淹没。到了距今3000万年前的喜马拉雅运动时，太行山再次抬升，东部地区继续下陷。随着这种西高东低的地貌结构的形成，从西部黄土高原延伸的条条河流，挟带着大量泥沙不断向东部低地冲刷而下，到了河流的中、下游地区，水面宽阔、地势平坦，河水的流速大大减慢，从上游携带来的泥沙也慢慢沉积下来。久而久之，就在山麓东部形成一大片扇面状的冲积平原，其中以黄河沿岸的古冲积扇面积最大。由于黄河、海河、滦河等水系每年都要挟带大量泥沙，自西而东冲刷和堆积到东部低洼地区，使古冲积扇面积不断向东延伸扩大，最后终于形成了坦荡辽阔的华北平原。

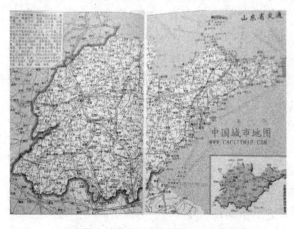

中国最大的黄河冲积平原——山东平原

我国平原面积总计100多万平方千米，占全国总面积的1/10。除华北大平原外，还有东北大平原和长江中下游平原。在世界的其他地区，著名的大平原有俄罗斯的西伯利

亚大平原，南美洲的亚马孙平原，印度的恒河平原，北美洲的密西西比大平原等。

平原地区面积广大，土地肥沃，水网密布，交通发达，是一个国家和地区经济、文化发展较早的地方。历史上四大文明古国都是从大河附近的平原上发展起来的；我国的长江中下游平原素有"鱼米之乡"的美称，在中华民族历史发展的长河中做出了巨大的贡献，产生了深远的影响。平原底下的有些地质构造有利于煤和石油等矿产资源的形成，许多重要的煤矿和油田往往在平原地区发现。今天大陆边缘的浅海，其实也是些暂时被水淹没的平原，那里的煤，特别是石油储藏量相当丰富。

河口平原

位于大河河口的三角洲，是地质变迁、沧海桑田的历史见证者，也是世界各国经济、文化发展最早最活跃的地区之一，因此河口三角洲又有黄金三角洲之称。

三角洲又称河口平原，是由河水从上游携带的大量泥沙在河口堆积形成的。从平面上看，形状像个三角形，顶部指向上游，底边为其处边缘，所以叫三角洲。三角洲的面积较大，土层深厚，水网密布，表面平坦，土质肥沃。它与山麓附近的扇状冲积平原不同。扇状冲积平原面积较小，土层较薄，沙砾质地，土质不如三角洲肥沃。

世界上著名的三角洲有尼罗河三角洲、密西西比河三角洲、多瑙河三角洲、湄公河三角洲、恒河三角洲及长江三角洲等。我国的长江三角洲是由长江带下的大量泥沙堆积而成的。三角洲的顶点在镇江附近，底边向东逐渐扩大，一直伸展到大海边。在距今大约两三千万年前，长江口地区还是一个三角形的港湾，长江自镇江以下的河口像一只向东张口的大喇叭，水面辽阔，潮汐很强。长江每年带下的四五亿吨泥沙要向大海倾泻，由于入海口的流速减小，物理、化学环境的改变，使得大部分泥沙在河口地区逐渐沉积下来，最终形成了今天的尖角形的三角洲。

三角洲的形态复杂多样。除像长江三角洲这样的尖头形三角洲外，还有像扇面状和鸟足状的三角洲。如埃及的尼罗河，从阿斯旺以下到地中海入海口，河流落差很小，水流平稳，三角洲在入海口外呈扇面状展开，面积达 2.4 万平方千米。美国的密西西比河三角洲，东西宽 300 千米，南端在平面上呈鸟爪形，每两趾之间为一条河。各支流附近每年都沉积大量冲积物，因而使三角洲的面积不断扩大。目前它仍以平均每年75米的速度向墨西哥湾延伸。

三角洲地区不仅是良好的农耕区，而且对形成石油和天然气也相当有利，世界上许多著名的油田都分布在三角洲地区。

联结大陆与海洋的桥梁

1. 地峡

地峡就像一座土桥，有的把两块大陆连接起来，如巴拿马地峡将南美洲和北美洲连接起来；有的地峡会把半岛和大陆连接起来，如克拉地峡是联系马来半岛和亚欧大陆的桥梁。

地峡的成因很复杂，有的是大陆板块漂移造成的，有的则是陆地部分下沉到海洋中造成的。在地球上，地峡分布很少，比较重要的有南、北美洲之间的巴拿马地峡，亚洲和非洲之间的苏伊士地峡，马来半岛和亚洲大陆之间的克拉地峡。

地峡的地理位置特别重要，它是沟通大陆和大陆、大陆和半岛的中间桥梁，也是世界交通的咽喉要道。地峡比较狭窄，两边邻水，是开凿运河的良好地段。如巴拿马运河通过中关地峡，联系大西洋和太平洋；苏伊士运河穿过苏伊士地峡，沟通地中海和红海、印度洋。在地峡处开凿运河，沟通洋或海，能节约海上航程的时

地峡地貌

间和经济成本。例如轮船从美国西部海港向南航行，穿过巴拿马运河到南美洲东部港口，要比绕道南美洲南端缩短1万千米。

2. 海峡

海峡是海洋中连接两个相邻海区的狭窄水道，如连接我国大陆的台湾海峡，连接亚欧大陆和美洲大陆的白令海峡，连接南海与安达曼海的马六甲海峡等。

海峡是地壳运动造成的。地壳运动时，临近海洋的陆地断裂下沉，出现一片凹陷的深沟，涌进海水，把大陆与邻近的海岛，以及相邻的两块大陆分开，从而形成海峡。

通过海峡的水流湍急，水上层与下层的温度、盐度、水色及透明度都不一样。海底多为岩石和沙砾，几乎没有细小的沉积物。

海峡的地理位置特别重要，不仅是交通要道、航运枢纽，而且历来是兵家必争之地。因此，人们常称它们为"海上走廊"、"黄金水道"。

洋　流

洋流，又称海流，海洋中除了由引潮力引起的潮汐运动外，海水沿一定途径的大规模流动。引起海流运动的因素可以是风，也可以是热盐效应造成的海水密度分布的不均匀性。前者表现为作用于海面的风应力，后者表现为海水中的水平压强梯度力。加上地转偏向力的作用，便造成海水既有水平流动，又有铅直流动。由于海岸和海底的阻挡和摩擦作用，海流在近海岸和接近海底处的表现，和在开阔海洋上有很大的差别。

〜 海与大陆架

海湾是海和洋伸入大陆的一部分，它三面靠陆，一面朝海，其深度和宽度都比海洋要小得多。

海湾的形状各式各样，有的曲折蜿蜒，深深地伸入陆地；有的则比较平直宽阔。有的海湾周围被陆地紧紧包围，只有一个小口与外海相连，如我国山东半岛的胶州湾；有的则胸怀坦荡，张开双臂，与大海融为一体，如我国北部的渤海湾、东部的杭州湾和广东南海的北部湾等。

　　在漫长的历史年代中，海湾的形状和位置都经历了沧海桑田的巨大变迁。就以杭州湾来说，在五六千年前，现在杭州湾所在的区域还是一片汪洋大海。当时的海湾位置要一直伸入到今天的杭州城一带。海湾的北侧是宝石山、葛岭，南侧是吴山、紫阳山等，西面是挺拔的南、北高峰。现在的西湖和杭州城当时都还淹没在一片碧波荡漾的大海里呢。随着时间的推移，由于两侧泥沙不断堆积，沙土淤地不断向外向东推进延伸，海湾的位置也逐渐向东移动，最后形成呈大喇叭口似的海湾——杭州湾。

　　海湾不仅形态各异，而且大小差别也很大。有的海湾面积比海还大，如著名的孟加拉湾、墨西哥湾等。在今天的航海交通等实际活动中，人们往往把海和海湾混为一谈，没有严格的区别。例如，墨西哥湾是海，但习惯上称它为湾；阿拉伯海是湾，人们又把它称为海。

　　大陆架又叫"陆棚"或"大陆浅滩"，是大陆延伸进海洋的浅海中的陆地，称为水下平原。

　　大陆架的范围一般是从低潮算起，一直到深海中的大陆沿为止。大陆架的深度一般在200米以下，宽度大小不一，坡度和缓。欧洲沿岸的大陆架超过1000千米。

　　大陆架是地壳运动或海浪冲刷的结果。地壳的升降运动使陆地下沉，淹没在水下，形成大陆架；海水冲击海岸，产生海蚀平台，淹没在水下，也能形成大陆架。它们大多分布在太平洋西岸、大西洋北部两岸、北冰洋边缘等。

　　大陆架有丰富的矿藏和海洋资源，已发现的有石油、煤、天然气、铜、铁等20多种矿产；其中已探明的石油储量是整个地球石油储量的1/3。大陆架的浅海区是海洋植物和海洋动物生长发育的良好场所，全世界的海洋渔场大部分分布在大陆架海区。还有海底森林和多种藻类植物，有的可以加工

生活在中国最大的水下大陆架地区的长虾

成多种食品，有的是良好的医药和工业原料。这些资源属于沿海国家所有。

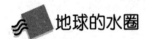 地球的水圈

地球也被称为"水的星球"。仅海洋中的水就有 13.7 亿立方千米，海洋面积占地球表面的 71%，如果把海洋中所有的水均匀地铺盖在地球表面，地球表面就会形成一个厚度约 2700 米的水圈。加上陆地上的江河水、湖水、冰川水、地下水……所以有人说地球的名字是取错的，应改为"水球"。

不过，在四五十亿年前，当地球刚刚诞生的时候，它的表面几乎找不到一滴水，当然也不会有任何生命。后来，地球渐渐冷却下来，弥漫在大气层中的水蒸气开始凝结成雨，不断地降落到地球上，流向低洼的地方，日积月累，逐渐形成了原始的湖泊和海洋。地球上最早的生命物质，就是从原始海洋中萌发的。

地球水圈介于大气圈和岩石圈之间，它由海洋、湖泊、江河、沼泽、地下水及冰川等液态水和固态水组成。据科学家估算，地球表层的总水量约为 14 亿立方千米：其中海洋水占 97.3%，以冰川为主的陆上水占 2.7%，大气中的水，与前两者相比小得几乎可以忽略不计。

在太阳的照射下，地球上的水圈处于不间断的循环往复运动之中。海洋和陆地上的水受热蒸发形成水汽升入空中，成为大气水；大气水在适宜的条件下又凝结为雨雪降到地面或海洋。地面上的水或汇入江河湖海，或渗入土壤和岩石缝隙成为地下水，或直接蒸发进入大气，千万年来循环往复。在这循环运动中，大气是水分的重要"运输工具"。由于地球上永不停息地进行着大规模的水循环，才使得地球表面沧桑巨变，万物生机盎然。

水是循环往复运动变化着的，可是这么多的水从何而来呢？中国古代民间传说认为，四海龙王掌管耕云播雨。因此，水是天上落下来的。科学不发达的时代，人们说水是天上降下来的只是一种猜想和解释，毛泽东的诗词中也有"大雨落幽燕，白浪滔天"的名句。但是，近代自然科学揭开了这个千古之谜：大多数人认为，地球上的水来自地球内部，是原始火山喷发从地球内部带出来的。地球内部怎么会有这么多的水呢？要解释这个问题，先要研究水的物质组成。

　　洁净的水是无色无味、透明、形状能随容器而改变的液体物质。18 世纪六七十年代。英国科学家卡文迪许在研究空气组成时，发现了一种新的可燃气体，这种气体被法国科学家定名为"氢"。卡文迪许继续研究氢时发现，氢燃烧后能生成水，而且只能生成水，这就意味着水是由氢和氧组成的。数年后，人们用电解的方法，把水直接分解成氢和氧，进一步证实了卡文迪许的论断。我们知道，组成地球的元素，地球上氧的含量近 50％，也有大量的氢，这样地球就具备了内部产生水的原材料。

　　科学家们推断，地球刚诞生时，它的表面既没有涓涓细流，也没有汪洋大海，外层空间也没有厚厚的大气层包围。来自太空的陨星可以长驱直入，不断轰击脆弱的地壳，并一次次诱发猛烈的地震和火山爆发。地球上遍地浓烟滚滚，火光闪闪，好像一个火球，在高温和燃烧过程中地球上的氢和氧，便在地球内部形成了原始的水。随着火山继续喷发，禁锢在地下深处的原始水，便呼啸而出，来到了地表。现代火山喷发显示，火山喷发物中除岩浆、各种气体、岩尘外，主要成分是水蒸气，它占火山喷出物总量的 75％ 以上，成为地球大气的主要成分。那时，地球表面的温度还很高，水蒸气被紫外线分解成氢和氧，在高温下化合成第二代水不断降落到地面；而地面高温又使刚降落的第二代水重新蒸发成水汽，再次上青天。如此循环不息，地表经历一次次降温，十几亿年后，地表温度下降到水的沸点以下，液态水也就在地面储存下来，并往低洼处汇集。汇集的路线，逐渐形成河流，大片洼地成为海洋，小片洼地成为湖泊，当地球表面到处有了积水——液态水、固态水和气态水，地球就发生了质的变化。距今 30 亿年前，海洋中产生了低等生命，随着时间的推移，生命也不断衍化发展，由海到陆，覆盖全球。距今约 300 万年前，地球上出现人类，这时，地球既是水的星球，又是"智慧之星"，无疑水是生命的源泉，水给地球带来了生机。

　　尼罗河、黄河、幼发拉底河、恒河等世界大河，曾经孕育了灿烂的古代文明，产生了埃及、中国、巴比伦和印度等文明古国。河流，被人们看做是生命的源泉，是人类文明的摇篮。

　　一条河流的形成必须有流动着的水，有储水的槽，两者缺一不可。山间易涨易退的山溪，不能算河流。一条新河形成时，河水并不是向下流动，而是掉过头来，向源头伸展，河谷一天天向上游延伸。凡是天然形成的河流，都是这样"成长"起来的。

尼罗河沿岸风光

河流有外流河和内流河之分。直接或间接流入海洋的河流叫外流河，中途消失或注入内陆湖泊的河流叫内流河。河流一般分为上、中、下游三段，上游坡陡水急，流量小；中游流速减慢，流量加大；下游平坦，流量最大，流速更慢了。

河流不仅是水分循环的主要路径之一，而且是塑造地表各种地貌地形的重要因素。作为一种自然资源，河流在水利灌溉、航运、发电、种植养殖及城市供水等方面发挥着巨大的作用，但同时也给人们带来了洪涝灾害。

然而，水能兴邦，又能灭国，历史上，滔滔黄河曾是中华民族的摇篮，哺育了中华民族的先民；一旦黄河变浑、泥沙俱下，她又使沿河两岸灾害频繁。江河泛滥之时，吞噬万顷良田，遍地泽国，使人为鱼鳖，死伤无数。黄河边的北宋都城汴梁，至今还被深深地埋在开封的 8 米以下，今日的徐州城下，人们也发现被洪水吞没的古徐州城。所以自古以来，"洪水猛兽"成了威胁人类生命财产的代名词。不过，大地水少了也不行，没有水的大干旱便造成赤地千里，饿殍遍地，每年非洲因缺水致死的儿童，成千上万……波斯湾沿岸国家，尽管石油流成河，可是淡水却比油还稀贵，得用昂贵的石油来蒸馏海水以获取饮水，甚至不远万里到南极洲拖运冰山来解决饮水问题。

古往今来，人类一直兴水利、治水害。历史上在用水、治水上创下业绩的人都被人民尊为神明，我国古代神话中的精卫填海、传说中的大禹治水、修都江堰的李冰父子……都被千古称颂。

近代，重水的发现使人们对水的研究更加深入了。重水（D_2O）是由氢的同位素氘与氧化合而成。重水对原子能开发有极大贡献，科学家们把重水作为核反应堆的减速剂和冷却剂。热核反应的研究成功，使氘、氚成了核反应的燃料，使科学家们从水中提取宝贵能源的研究迈出了更积极的步伐。

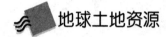 ## 地球土地资源

在农业社会，农民失去了土地，就失去了生存的依托。即便在高度工业化的现代社会，如果失去了土地，人类同样难以生存。

土地是陆地的表面部分。人们把用以种植、生长农作物的部分，称为耕地，耕地的主要部分是土壤。今天，地球上的土壤是由岩石的风化物，即矿物质、有机质、水分、空气、动植物遗体腐烂后的有机物以及成千上万种微生物所组成的自然综合体。它是植物进行光合作用的支撑体。植物扎根于土壤，才能直立或者匍匐着生长，它们的枝叶才能充分接受阳光的照射；植物的根系也才能吸取土壤中的养料和水分，进行光合作用，制造淀粉和糖分，从而茁壮生长、开花结果。在此基础上人类才能收获五谷、瓜果等，作为生产生活之用。绿色植物及其花、草还装点人们的生活空间，美化城市，补充空气中的氧气。人们也可在地上养育鸟兽，为人们提供肉食，使大地上保持鸟语花香的生态平衡。有了植物，地球世界才一派生机。所以土壤是人类最宝贵的自然资源之一，成为人类生产生活的依存。

土壤还是能量转换和物质循环的基地。人和动植物的遗体残骸、排泄物、废弃物，最后回到土壤中，经过土壤中的动物、植物、微生物的作用，重新分解成无机成分和有机质，供植物再生长。这样即净化了环境，肥沃了土壤，又使能量和物质循环往复永无止境，所以土壤和阳光、空气、水分一同成为人类生存不可缺少的因素。没有土壤，地球上将不再有生命。

今天，科学技术水平的发达使人们控制和支配自然界的能力也日益增强，人们已成功地进行了部分蔬菜的无土栽培，但要想从大气、水、矿物质中直接获取粮食，至今人类还无法办到。同时只有通过绿色植物的光合作用，人类才能获得自身所需要的能量，人和生存在地球上的其他动物，在生存上仍受自然规律的支配，仍然不能脱离植物而生存，人类和土地长期共存并相互依赖。即便今后人类开发了太阳系以及其他恒星系，或者到了月球上、火星上，人们也还要吃饭、呼吸，必须在那里耕耘土地，种植粮食、蔬菜和各种植物，人类终将离不开土壤。

土壤对人类如此重要，可千百年来人类的各种活动却造成土壤的大量流

月球土壤开发前景广阔

失。一位美国学者访问我国，他在飞机上俯瞰华北平原时，看到滚滚黄河挟带大量的泥沙流向渤海，他感到十分震惊。当他得知黄河每立方米水中含沙量是 37 千克，而历史上最高含沙量达 933 千克，每年输入渤海的泥沙高达 16.4 亿吨时，他惋惜地说："黄河流的不是泥沙，而是中华民族身上的鲜血，这已不是微血管破裂，而是主动脉大出血"。水土流失的确是让人痛心的土地资源的损失。

黄河流域是中华民族的发祥地。远古时代，生产力低下，以采集和渔猎为生的人们，能在这里生息繁衍，说明黄河流域原有的自然环境很优越。掌握了农耕和饲养技术后，我们的祖先为了养活更多的人，就会向自然界争土地：伐树开荒，破坏了黄土高原的植被，最终导致严重的水土流失。到后来，田也没法种，树和草也无法生长。黄土高原从此千沟万壑，黄河也成了中华民族"大出血"的动脉。

严重的水土流失，不仅中国有这一情况，世界上很多地方都存在。美国建国才 200 多年，生态学家说，200 年中已有两个美国流入了大海。水土流失主要是土壤耕作层。一般耕作层为 10 厘米深，美国建国以来，国土的平均海拔已下降了 20 厘米，所以说两个美国流到海里去了。

另外土壤沙化、盐碱化、风蚀等，也都夺走了人类大量的耕地。所以摆在科研人员面前的任务，首先要研究如何有效地进行水土保持工作，治沙、治淤，使现有耕地免遭损失；还要探索如何改良土壤、提高土壤肥力，在配合生物工程培育新品种的有利条件下，使单位面积产量不断提高；另外进行合理的土地规划，用好现有的每一寸土地。随着世界人口的迅速增长、城市规模的不断扩大、土地减少和对食品需要量的增加，解决这些问题显得尤为重要和迫切。

光合作用

光合作用，即光能合成作用，是植物、藻类和某些细菌，在可见光的照射下，利用光合色素，将二氧化碳（或硫化氢）和水转化为有机物，并释放出氧气（或氢气）的生化过程。光合作用是一系列复杂的代谢反应的总和，是生物界赖以生存的基础，也是地球碳－氧循环的重要媒介。

冰封的南极大陆

公元前4世纪，古希腊著名的哲学家亚里士多德在《天论》中已明确指出：大地是一个球体。一部分是陆地，一部分是海洋。外面包裹着空气。他的信徒托勒密，发展了亚里士多德的理论，绘制了一张世界地图。在这幅地图上，他把亚洲、欧洲、非洲画到北半球，而在南半球，他画了一块未知的大陆。他的理由是只有南半球存在这样一块巨大的陆地，地球才能平衡。否则地球就会倾翻。他甚至肯定：这块未知的南方大陆，应在印度洋的南岸。那时候，对地球南部是否存在大陆，除了少数学者关注之外，人们大都没有兴趣。

1000多年后，哥伦布"发现"了美洲。新大陆的出现使数不清的黄金白银流进了欧洲冒险家的口袋，这时有人想起了托勒密的南方大陆。这块未知大陆，会不会像美洲大陆一样富庶？有人用最美妙的想象来描绘这块大陆的情景：温暖的气候、肥沃的土地、丰富的矿藏……甚至有人断定这块大陆上人口有5000万。

欧洲的教会也加入了宣传者的行列，鼓动人们去"冒险"。基督教《旧约全书》中说，以色列的所罗门王拥有无穷财富，这些财富来自一处叫俄斐的神秘地方。而人们已知的几个大洲中都没有俄斐，那么，俄斐会不会在这个未知的南方大陆上呢？

16世纪中叶，西班牙人的一支船队从秘鲁出发，进入南太平洋去寻找俄斐。他们到达了现在被称为所罗门群岛的地方，辗转半年，没有找到所罗门王的藏宝之地，败兴而归。28年后，西班牙人再次出航，结果不仅没找到俄斐，反而连性命也不保了。继西班牙人之后，荷兰人也漂洋过海寻找南方大陆，结果"发现"了澳大利亚大陆，但后来的航海实践证明，这里也不是真正的南方大陆。

南极大陆上的冰川

南方大陆到底在哪里呢？18世纪，英国、法国、西班牙等殖民主义强国继续争先恐后地寻找，想第一个找到它，并把它攫为己有。

1768年以后的6年中，英国人库克，曾两次深入澳大利亚南部海域，完成了环绕南极一圈的航行，他几次深入南极圈里，但是他的船队在海上航行时，面前经常阻挡着无法逾越的冰山（浮冰）迫使他返航；当然他也没有找到未知的南方大陆，他在航海报告中写到："我在地球高纬度上仔细搜索了南半球的海岸，绝对证明南半球内，除非在南极附近，是没有任何大陆的，但南极是不可能到达的"。他还认为南极大陆即使存在，也不过是一块冰天雪地的不毛之地，在经济上毫无价值。

1820年前后，俄国人和美国人都宣称他们已发现了南方大陆，也就是现在的南极洲。遗憾的是，他们只看到南极洲的冰山和周围一些岛屿，谁也没有登上过南极洲。

不声不响地在南极洲海岸登陆，并在大陆上度过第一个冬天的，是挪威科学家包尔赫克列文带领的南极考察队。1895年，他一路顺风，第一个登上南极大陆。他没有去找所谓的所罗门王的金库，而是用榔头和小刀，采集了南极洲的第一批岩石及植物标本，满载而归，南方大陆终于找到了。

20世纪20年代以后，随着航空事业的发展。神秘的南极大陆进入飞机考察的新时期。20世纪60年代，前苏联、美国、英国等10多个国家联合起来，进行南极科学考察。到20世纪80年代，我国科学家的足迹也印上了南极大陆，并先后建起了长城站和中山站，成为在南极建立科学考察站的第17个国家。

和谐的沙漠与绿洲

地球表面的世界真是千变万化，多姿多彩，不仅有平原和山川，也有沙漠和草原。

世界上的沙漠大多分布在南北纬度15°～35°的信风带。这些地方气压高，天气稳定，风总是从陆地吹向海洋，海上的潮湿空气却进不到陆地上。沙漠地区的年降水量一般都在400毫米以下，因此雨量极少，土地非常干旱。地面上的岩石经风化后形成细小的沙粒，沙粒随风飘扬，堆积起来，就形成了沙丘，沙丘广布，就变成了浩瀚的沙漠。

沙漠地区温差大，平均年温差可达30℃～50℃，由于昼夜温差大，有利于植物贮存糖分，所以沙漠绿洲中的瓜果都特别香甜可口。

沙漠地区风沙大、风力强。最大风力可达10～12级。强大的风力卷起大量浮沙，形成凶猛的风沙流，不断吹蚀地面，使地貌发生急剧变化。

沙漠给人类带来很大的危害，它吞没农田、村庄，埋没铁路、公路等交通设施。据史书记载，我国丝绸之路上的楼兰古城、尼雅古城等，就是被沙漠吞没的。现在，人类正在千方百计地防沙治沙，如植树造林、植草固沙、设置沙障等都收到了很好的效果。

沙漠中的绿洲一般都分布在大河流经或有地下水的洪水冲积扇的边缘地带，也有在高山冰雪融化后流经的山麓地区。绿洲上水源充足，气候适宜，土壤肥沃，具备良好的庄稼和植物生长条件。尤其是夏季，高山冰雪融化，雪水源源流入绿洲，使绿洲生机盎然。

绿洲的面积一般都不大，一些较大的绿洲成为农业发达和人口集中的居民区。我国境内的天山和祁连山山麓都有绿洲分

沙漠中的绿洲

布。在世界最大的撒哈拉大沙漠中也有一些风光奇特的绿洲。那里，潺潺的泉水汇成一条条清澈透亮的小溪，灌溉着两岸的土地，供给着人类和动植物们的生存、繁衍。沙漠中的人们把这些荒漠中的沃土，视为"珍宝"一样爱惜。

认识沼泽、湖泊和地下水

1. 沼泽

形成沼泽的原因主要有两种：一种是水体沼泽化。在江河湖海的边缘或浅水部分，由于泥沙大量堆积，水草丛生，再加上微生物对水草残体的分解，逐渐演变成沼泽。另一种是陆地沼泽化，在森林地带、草垫区、洼地和永久冻土带，地势低平，坡度平缓，排水不畅，导致地面过于潮湿，繁殖着大量的喜湿性植物，这些植物又霉烂形成黑色泥炭层，逐渐形成了沼泽。

沼泽地区的植被都是喜湿性草本植物，主要有莎草、苔草和泥炭藓。沼泽地不能长庄稼，有些沼泽下面是无底的泥潭，看上去好像毛茸茸的绿色地毯，人一踏上去就会陷进去甚至丧命。当年许多长征路上的红军战士就是这样牺牲在沼泽地上的，因此，人们称它为"绿色陷阱"。现在越来越多的沼泽地正在被改造成良田。

2. 湖泊

湖泊是在地质、地貌、气候、径流、陨石撞击等多种因素综合作用下形成的。如构造湖是由于在几千万年前，地壳发生了巨大的断裂运动，有的地方高高隆起，有的地方深深陷凹下去。隆起的地方成为大山脉，陷落下去的部分就成为大裂谷或盆地。某些裂谷地区逐渐蓄上水，就形成了湖泊。

冰蚀湖是因冰川活动而形成的，世界上许多著名的

沼泽地带，植被茂盛，水源丰裕

大湖都属于这类湖泊。大约在 200 多万年前，第四纪冰川横行全球，大冰川在地质变化中缓缓滑行犹如一把巨大而锋利的"铁铲"和"锉刀"，无情而有力地刻蚀着所经地区的地表、地面，把大地弄得"遍体鳞伤"，于是大地上出现了许多大小不一、坑坑洼洼的槽谷和盆地。后来，冰期过去，气候逐渐回暖，原来堆积存在槽谷和盆地里的冰雪开始融化，谷地里泛起碧波荡漾的湖水，形成了一座座冰蚀湖。在北欧的芬兰和北美的加拿大等国都有许多因冰川活动形成的冰蚀湖。

3. 地下水源

广泛埋藏于地表以下的各种状态的水，统称为地下水。大气降水是地下水的主要来源。根据地下埋藏条件的不同，地下水可分为上层滞水、潜水和自流水三大类。

上层滞水是由于局部的隔水作用，使下渗的大气降水停留在浅层的岩石裂缝或沉积层中所形成的蓄水体。潜水是埋藏于地表以下第一个稳定在隔水层上的地下水，人们通常所见到的地下水多半是潜水。当潜水流出地面时就形成泉。自流水是埋藏较深的、流动于两个隔水层之间的地下水。这种地下水往往具有较大的水压力，特别是当上下两个隔水层呈倾斜状时，隔层中的水体要承受更大的水压力。当井或钻孔穿过上层顶板时，强大的压力就会使水体喷涌而出，形成自流水。

地下水是一个庞大的家族。据估算，全世界的地下水总量多达 1.5 亿立方千米，几乎占地球总水量的 1/10，比整个大西洋的水量还要多！

地下水与人类的关系十分密切，井水和泉水是我们日常使用最多的地下水，是人们生产、种植、生活所必需的水源。不过，地下水也会造成一些危害，如地下水过多，会引起铁路、公路塌陷，淹没矿区坑道，形成沼泽地等。同时，需要注意的是：地下水有一个总体平衡问题，不能盲目和过度开发，否则容易造成地下空洞、地层下陷等问题。

泥炭层

泥炭层，是指由泥炭形成的堆积层，其厚度取决于泥炭所在地区的水热条件以及植物的生长和分解。泥炭层中含有大量的水，具有独特的水文过程，

按其对水分运动的影响，一般分为作用层和惰性层两部分，二者水文特征显著不同。前者地下水位随季节而变化，透水性高，含水量变化大，出水率高；后者含水量一般很少变化，透水性甚小，出水率低。

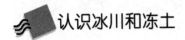 ## 认识冰川和冻土

海上冰山和陆上冰川

1. 海上的冰山

冰山，并不是真正的山，而是漂浮在海洋中的巨大如小山一样的冰块。在南北两极地区，海洋中的波浪或潮汐猛烈地冲击着附近海洋的大陆冰，天长日久，它的前缘便慢慢地断裂下来，滑到海洋中，漂浮在水面上，形成了所谓的冰山。

冰山体积的9/10都沉浸在海水底下，我们在海面上所看到的仅仅是它的头顶部分。它在水底部分的吃水深度一般都超过200米，最深的可达500多米。这一座座巨大的冰山，随着海流的方向能漂流到很远很远的地方。在正常情况下，它们每天大约能漂流6千米。许多大冰山在海上可以漂流十几年，最后由于风吹日晒、海浪冲击，渐渐消融在温暖海域的海水中。

冰山漂浮在海洋中，给人类航海和石油勘探带来巨大威胁。

2. 晶莹冰川

在地球上纬度较高地段和高山地区，气候异常寒冷，积雪常年不化，时间久了，就形成了蓝色透明的冰层。冰层在压力和重力作用下，沿斜坡缓慢移动，逐渐形成冰川。

冰川是可以移动的，但它滑动的速度很慢，这跟地形坡度有直接关系。如珠穆朗玛峰北坡的绒布冰川，年流速为117米，是我国流速最大的冰川。同样是珠穆朗玛峰的大冰川，有的几乎纹丝不动。冰川移动，是因为冰川身体的空隙里包含着水，在压力和斜度及地球引力的影响下，水像润滑油一样，促使冰川向下移动。

地球上的冰川，大约有2900多万平方千米，储水量虽然占地球总水量的2%以上，但人类可以直接利用的很少。

根据冰川的形态和分布特点，可分为大陆冰川和山岳冰川两大类。大陆冰川又叫冰被，它是冰川中的"巨人"，多出现在寒冷的两极地区。大陆冰川不受地形的影响，由于冰体深厚巨大，使得地面的高低起伏都被掩盖在整个冰川之下，表面呈凸起状，中间高，四周低。

冰 山

如格陵兰冰川整个面积为 165 万平方千米，占格陵兰总面积的 90%，中心最大厚度达 1860 米，边缘仅 45 米。这类冰川在世界冰川中所占面积最广，其中又以南极的大陆冰川为最。

山岳冰川发育于高寒的山地，形态常受地形的影响，比大陆冰川小得多。那些冰川上的冰塔、冰洞，千姿百态，形态各异。

冰川像一个固体水库，储存着最大的淡水，可以用来开发干旱地区，改造沙漠，发展农业生产。然而如果冰川全部融化，那么海平面将上升80~90米，地球上所有的沿海平原都将变成汪洋大海，美国的纽约只能剩下联合国大厦和几座摩天大楼的楼顶，法国巴黎也许只能看到埃菲尔铁塔的塔顶；而荷兰、英国等几十个低洼国家将不复存在……当然，这种可怕的情景是不大会发生的。据气象学家分析，由于地球气候逐渐变暖，世界各地的冰川已出现退缩的趋势。在喜马拉雅山，一条最大的冰川从 1935 年以来已缩小了 300 多米。南极地区的一些冰山融化，导致了气候的变化，降雨洪水增多。如果地球气候变暖的趋势继续下去，后果将是十分严重的。因此，科学家大力呼吁要保护冰川，保护环境。

创造奇迹的冰川和冻土

1. 千里运石的流动冰川

160 年前，瑞士两位地质学家在阿尔卑斯山以北地区考察，发现平原上莫名其妙地散布着一些阿尔卑斯山中部的典型岩石，这令他们大感不解。

无独有偶，在我国庐山东面 9 千米处的一个小山坡的路旁，竟耸立着一

块与当地的岩石性质毫无相同之处的大石块。西藏自治区聂拉木县喜马拉雅山的山坡上，有一块3万多吨重的大漂砾，它竟然来自相距遥远的希夏邦马峰。更令人惊诧的是，1975年4月7日，人们在珠穆朗玛峰地区发现了一些砾石，它们的老家在更为遥远的南半球。

是谁促使这些来历奇特的巨石"离家"出走，移居他乡的呢？

1846年，瑞士科学家阿加西斯终于揭开了这个谜：是冰川搬运了巨石。

地球上的冰，总共大约3700万立方千米，覆盖着10%的陆地。其中86%构成了南极洲冰川，10%构成了格陵兰冰川，余下的4%则构成冰岛、阿拉斯加、喜马拉雅山、阿尔卑斯山以及其他一些地方的冰川。

冰川都是些固体的冰，它怎么会搬运石头呢？

冰川虽然都是些巨大的固体冰块，但却像个站立不稳的巨人。在重力作用下，由高向低缓慢流动，难怪有人把它比作缓缓流动的河流。冰川的流动速度一般每昼夜在1米以上，快的能达到每昼夜20米。目前创下流速最高纪录的大概要算北美洲北部阿拉斯加的黑激流冰川了。1936年10月，它的流动速度竟达到每天60米。我国流动最快的冰川是念青唐古拉山东段的阿扎冰川，年流速约300米。奥地利的阿尔卑斯山有条维也纳冰川，它不是慢慢流动，而是快速地爆发式地前进，每隔82年它就向前跃动一次。

就这样，冰川用它那流动的身躯把一块块的岩石漂砾带到了异国他乡。

2. 冻土创造的奇迹

冻土指温度在0℃以下的含冰岩土。冻土主要分为两种。冬季冻结，夏季全部融化的叫季节冻土；当冬季冻结的深度大于夏季融化的深度时，冻土层就会常年存在，可达数万年以上，形成多年冻土。多年冻土一般分上下两层，上层是冬季冻结、夏季融化的活动层；下层是长年结冻的永冻层。冻土广泛分布在高纬地区、极地附近以及低纬高寒山区，占世界陆地总面积20%以上，这里虽人烟稀少，却隐藏着许许多多鲜为人知的奇异现象。

2万年的冻虾，居然能够复活，这样的奇事就发生在冻土带。除冻虾复活外，人们还从冻土中挖掘出冷冻已久的水藻和蘑菇，也能繁殖后代。在前苏联雅库特的冻土层下，竟然有大片不冻的淡水。地质学家推测，冻土带可能还蕴藏着固体天然气。

冻土下藏有各种秘密，冻土表面也有一些奇特的自然景观出现。在我国祁连山冰川外围的冻土地上，人们发现一些神秘的石制图案：大小不等的石

块在地面上排列成一些非常规则的几何图形，有的呈多边形空心环状，有的巨大石块旁簇拥着如花瓣样的小碎石，犹如一朵盛开的玫瑰花。曾有人认为这是原始人铺砌的神秘符咒，或是尚未完工的古代建筑遗址。其实，这都是大自然在冻土带的杰作。这个冻土带在多年的季节气候冷暖变迁中，反复的

冻土地带

结冻和解冻，使石块有规律地移动位置，形成了美丽奇妙的图案。

冻土能创造奇迹，也会带来灾难。由于温度的周期性冷热变化，冻土活动层中的地下冰及地下水不断交替冻结和解冻，致使土质结构、土层体积发生变化，给人类带来一系列麻烦，如道路翻浆、建筑变形、山坡滑塌等。我国政府修建青藏铁路的过程中，面对的最大困难，就是冻土的地质破坏问题。所以，人类还必须小心提防它才行。

灵敏的地温计

医生们量体温用体温计，量室温可以用温度计，测量井下温度用井温计。要想知道距今几百万年，甚至几千万年前的古地温，该怎么办呢？地质学家们发现了几种奇妙的地温计。

（1）化石地温计：生物遗体化石，尤其是植物孢粉化石和动物小个体化石——牙形石，都是极好的地温计。这些化石中含有丰富的有机质，具有随地层温度升高而碳化度增加的特点。这样的化石在显微镜下会显示出不同的颜色。一般温度高，碳化度也高，颜色就深，反之颜色就浅。这些化石的颜色就可以告诉我们古地温的变化了。

（2）矿物地温计：沉积岩中常有自生的黏土、沸石和硅酸盐矿物。这些

自生矿物从沉积到成岩过程中，受物理因素的控制。如黏土矿物，会在不同地温下转换成不同的物质；沸石的结晶顺序也会随地温的升高发生变化；硅酸盐矿物中的二氧化硅层的间距随地温升高而不同。从自生矿物在不同地温下的各种变化可推测出古代的地温。

（3）有机质地温计：遍布各类岩石中的固态有机质微粒之一——镜质体，会随温度的升高，相应改变其排列结构，并在反射光下产生反射率的频度变化。镜质体的反射率与温度形成直线关系，通过对镜质体反射率的分析，我们就可得知当时的地温了。

（4）煤阶地温计：在成煤过程中，随着地层温度升高，煤化作用增强，便形成不同的煤阶。从已发现的煤阶可推算出地层经历过的古地温。

人类在寸草不生、冰天雪地的南极洲竟然发现了煤田！难道说，这里曾有过茂盛的森林？要找到这个问题的答案，须先知道几亿年里地球的温度有过怎样的变化。可是现代人怎么可能回到上亿年前去考察呢？

地温测量表

1947年，美国科学家尤里发现了一种奇特的"温度计"，它能精确测量出远古时期地球的温度。这就是海生动物化石。最普通的氧（氧16）对它的稀有同位素（如氧18），在化合物中的比率会随着温度的变化而变化，只要把海生动物化石中的氧16和氧18的比率测定出来，就可以知道那个动物活着的时候，海水的温度是多少了。

用这种"温度计"可以测量出在1亿年前，全世界各海洋的平均温度是21℃左右。1000万年后，它缓慢下降到16℃；再过1000万年，这一平均温度又再度上到21℃。此后，海洋温度又逐渐下降。不管造成当时温度下降的原因是什么，它都很可能是使习惯于变化不大的温和气候的恐龙们惨遭灭绝、而使那些能维持恒定体温的温血鸟类和哺乳动物大量出现的原因之一。

南极洲的煤田也有答案：千百万年前的地球气候温暖，没有大陆冰川，甚至两极地区也没有冰川，到处是一派枝繁叶茂的景象。后来，因为地球降温，两极被冰雪覆盖，茂盛的森林逐渐变成了煤田。

（5）甲烷气体地温计：沉积岩中还含有天然气，这些天然气中都含有甲烷气。甲烷中的碳有两个稳定的碳同位素，即碳12和碳13。它们会随地温变化，产生同位素分馏。低温下，碳12的比例大；高温时则碳13的比例大。这两种同位素的比值就构成了灵敏的地温计。

沸 石

沸石，是一种矿石，最早发现于1756年。瑞典的矿物学家克朗斯提发现有一类天然硅铝酸盐矿石在灼烧时会产生沸腾现象，因此命名为"沸石"。在希腊文中意为"沸腾的石头"。自然界已发现的沸石有30多种，较常见的有方沸石、菱沸石、钙沸石、片沸石、钠沸石、丝光沸石、辉沸石等，都以含钙、钠为主。

地球的资源

源之于人类，犹如水之于鱼儿，不能离也，一块煤，一桶石油，一座矿藏都是大自然赋予我们的宝藏。纵观历史，人类社会的发展史，其实就是一部资源的开发利用史，从新石器时代，到青铜器时代、铁器时代、煤炭时代、石油时代，人类历史上每一次社会生产力的巨大进步都伴随着自然资源开发利用水平的巨大飞跃。然而我们也需要了解，地球上的资源并不是取之不竭用之不尽的，如果我们不好好珍惜利用，再多的资源也会有枯竭的一天，所以在我们享受地球赐予我们这些资源的同时，我们也要有一颗感恩的心去珍惜我们所拥有的资源，让其有一个生养休息的机会，这样生态资源才会真正的用之不竭。

海洋是个聚宝盆

海洋是一个"蓝色的宝库"。浩瀚的海洋，处于地球的最低处，宛如盛满了水的盆子。这难以计量的大盆子里，蕴藏着比陆地上丰富得多的资源和宝藏，是一个取之不尽的"聚宝盆"。

这聚宝盆底的表层，广泛分布着一种海底矿物资源——锰结核。这种东西的形状就像土豆一样，是一种黑色的铁、锰氧化物的凝结块。里面除含铁和锰之外，还含有铜、钴及镍等55种金属和非金属元素。整个海底大约覆盖着3万亿吨锰结核，并且还在不断增生，是取之不尽、用之不竭的。海底表面还蕴藏着制造磷肥的磷钙石，储量可达3000多亿吨，如开发出来，可供全世界使用几百年，海底岩层中还有丰富的铁、煤、硫等矿藏。专家告诉我们，如果把整个地球上的海水加以提炼，可得到 550 万吨黄金、4 亿吨白银、40 亿吨铜、137 亿吨铁、41 亿吨锡、27 亿吨钡、70 亿吨锌、137 亿吨钼和 137 亿吨铝。石油是最宝贵的燃料。目前已探知的海底石油就有 1350 亿吨，占世界可开采石油的 45%。我国近海、波斯湾沿海、北海等近海地区的储量最大。可以说，地球陆地上有的资源，海洋里都有，而且海洋中有许多是陆地上蕴藏不多，而又难于提取的稀有元素，如锶、铀、铷、锂、钡等。这些化学元素都是工农业生产和军工国防上的重要资源。

在海水所含的各种化学元素及矿物中，数量最大的是盐类，即氯化钾、氯化钠。据计算，每立方千米海水中，含有 3000 多万吨氯化钠。现在，全世界每年生产海盐 1 亿吨。近年来，一些科研机构从海水里直接提取镁、铀、碘、溴都取得成功。波涛汹涌的海水，永不停息地运动着，其中潜藏着

挪威海峡

无尽的能量。海水不枯竭，这些能量就用不完，因此海水是可再生能源。全部海洋能大约有 1528 亿千瓦，这种能量比地球上全部动植物生长所需要的能量还要大几百倍。可以说，海洋是永不枯竭的电力来源。

海洋中有 20 多万种生物，其中动物 18 万种，植物 2.5 万种。海洋动物中有 16000 多种鱼类、甲壳类、贝类及海参、乌贼、海蜇、海龟、海鸟等。还有鲸鱼、海豹、海豚等哺乳动物。海洋植物中有大家熟知的海带、紫菜等。有人统计，海洋生物的蕴藏量约 342 亿吨，它提供给人类食品的能力，等于全世界陆地上可耕地面积所提供农产品的 1000 倍。

 知识点

锰结核

锰结核，又称多金属结核、锰矿球、锰矿团、锰瘤等，它是一种铁、锰氧化物的集合体，颜色常为黑色和褐黑色。锰结核的形态多样，有球状、椭

圆状、马铃薯状、葡萄状、扁平状、炉渣状等。锰结核的大小尺寸变化也比较悬殊，从几微米到几十厘米的都有，重量最大的有几十千克。

液态的黑金——石油

海洋最丰富的资源之一——石油，是产于岩石中以碳氢化合物为主的油状黏稠液体。未经提炼的天然石油称为原油，其中含碳84% ~87%，含氢12% ~14%，剩下的1% ~2%为硫、氧、氮、磷、钒等元素。今天，石油同生产生活已经密不可分，我们用原油生产汽车用的汽油，制造卡车和轮船用的柴油，制造飞机用的机油。原油是液态和可溶解气体的有机物（基本上是碳元素的化合物的混合物，在天然状态下它们毫无用处）。除此之外，石油还可以用来发电，房屋取暖，润滑机器，甚至可以用来制造塑料、服装清洁剂、橡胶以及化学制品。石油已经改变了我们的日常生活，是一种重要的战略资源。实际上，世界近1/3 的石油来自海上油田。主要的石油开采地区是阿拉伯海湾、北欧的北海和墨西哥海湾。

近来，人们越来越重视发现和开发海上油田。从海上油田中还可提取5亿亿吨盐，3100 万亿吨镁，3050 万亿吨硫，660 万亿吨钙，620 万亿吨钾，12 万亿吨锶，7 万亿吨硼。此外，还有锂、铀、铜等元素。1947 年，在墨西哥海湾水深23 英尺（约7 米）的海区建成了第一台海上石油钻井平台。因为工程机械与技术的进步，现在能够在环境较恶劣和更深的海区进行石油开采。我们现在可以建造比世界上的摩天大楼还高得多的石油钻井平台，可以将这样的平台建筑在1300 英尺（约396 米）以下的海底，面积庞大的平台能放置数千吨的设备，能保障数百人的生活，确保24 小时不间断地开采出石油。

石油贸易占世界海洋实物贸易总量近1/2 之多。在陆地和短程跨海地区，原油用管道输送，而原油的海上长距离输送则用油轮。开始的时候，石油运输用木桶装在一艘货船上。因此，就有了原油的计量单位：桶。1 桶油相当于42 加仑。马库斯·塞缪尔采纳了别人的意见，建造了专门运输原油和油制品的船，实际上就是漂浮的贮罐，这就是油轮的诞生。油轮设计的主要特点就是将油轮运油空间分割成许多的贮罐用于装载不同类型的油和油制品，以防止在海上运输中油和油制品液体过多地晃动带来危险。今天，世界上最大的

油轮能装载 300 万桶 (1.26 亿加仑) 石油。

石油形成于海洋。数百万年以前,无数的海洋微生物 (浮游植物) 和动物像今天一样生长在古老的海洋里。等它们死亡后,其细小的残余骨架沉入海底,与泥土混在一起,过了几百年后,形成了丰富有机体的沉积层。其他的沉淀物继续下沉堆积,不断掩埋丰富的有机体,堆积成许多层,深达数千米。重量压迫各层变成了岩石,这就成了石油的来源。时光飞逝,沉积物不断增加,压力也不断加大,温度也开始上升。在这样的条件下,经历了很长的时间,浮游植物和浮游动物的有机体骨架残骸发生了变化,化解成更原始简单的物质叫做碳氢化合物——氢和碳的混合物,逐渐转变为无数细小的油珠。油珠再汇成油流,油流则集中迁移到地壳中具有封闭构造的地层中储藏起来,最终形成了规模较大的油田,继而就成了今天我们挖掘的石油。尽管这种过程需要花费上百万年的时间才能培植出一批原油,但是这种进程一直在继续着。

在陆地上,探明原油和天然气的"储位"和打出石油、天然气来已经很困难了。然而,在海底,在深深的海洋中经常是波浪滔天,石油钻井则是一项充满挑战、令人敬畏的事业。

可能储油的储位可以通过分析地震调查资料来确定,但是在这些储位中是否有石油和天然气我们无法得知,只有用钻井钻头打入储位中后才能知道。将钻头打入到一个精确的地点,这个点也许有几千米远,需要使用高精的计算机技术。在钻头的上面安装一个导航装置反馈信息,使得油井的精确位置可以得到测量和监视。在钻管里的可操纵马达能够进行遥控来纠正钻头的方向。

目前,石油油井很少有达到 2000 米深的深度。但是,还是有极少的特例。世界上最深的油井坐落在阿塞拜疆共和国的塞阿特里,其深度达 17000 米。另外一个油井坐落在俄罗斯的库勒半岛,其深度达 11000 米,也被科学家用来了解地球的结构。必须指出的是,在 7000 米深度的地区,地球低壳的温度高达 120℃,每向地心挺进 100 米就升高 3℃ (这叫做地热倾斜度)。另外一口井坐落在南极的伏斯陶克,虽然它仅仅 2400 米深,但是它保持了世界冰冻地带钻井的纪录!

在海底石油钻井领域,法国是世界上第二个钻井大国,仅次于美国。法国几乎占有纽约商品交易所石油钻井领域中的一半。

中国冀东南堡油田

石油是个成员众多的大家族。把它送到炼油厂精馏塔中"分家"，由轻而重分成挥发油、汽油、煤油、柴油和重油。再把重油送到减压加热炉"分家"，又可分出柴油、润滑油、石蜡和沥青。这些产品分门别类地充作飞机、军舰、轮船、汽车、内燃机、拖拉机、火箭的动力燃料，机械设备的润滑剂等。此外，用石油还可制造塑料、尼龙、涤纶、腈纶、维尼纶、丙纶、酒精、合成橡胶、油漆、化肥、洗衣粉等五千多种化工产品。

全球石油资源主要分布在中东、拉丁美洲、北美洲、西欧、非洲、东南亚和俄罗斯、中国。

1959年9月26日，黑龙江荒原的探井喷油了，这年正好是新中国成立十周年，所以人们就把新发现的大油田取名为"大庆油田"。1963年，我国的石油达到基本自给。从此，甩掉了"中国贫油"的帽子。接着，又相继发现胜利油田、大港油田、任丘油田、中原油田、渤海油田、南海油田、南堡油田等。

全世界已发现的油田有3万多个。其中储量在6800万吨以上的大油田有272个，原油储量占世界总储量的67.4%；储量超过6.85亿吨的特大型油田有33个，占世界石油总储量的44.5%。

波斯湾沿岸的沙特阿拉伯、伊朗、科威特、伊拉克和阿拉伯联合酋长国，是世界最大的石油产地和输出地区。世界上

渤海海洋资源

储量最多的油田是沙特阿拉伯的加沃尔油田，可采石油储量达 104 亿吨。目前，我国的海上石油开采、勘探工作也如火如荼地展开了……

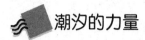

潮汐的力量

大海每日的潮长、潮落、波浪翻滚就是潮汐现象。潮汐不仅可供人们观赏，对人们的生活也有深远的影响。最显而易见的是它能带给人们丰富的海产品。每当潮水一落，海滨的人们就赶到海滩上，拣鱼虾、螃蟹和贝壳等有用的海洋生物。

潮汐也能为人类提供能源。据估算，全世界海洋的潮汐能量大约有 10 亿多千瓦，每年发电量可达 1.2 亿度。我国利用潮汐发电有得天独厚的条件：我国海岸线漫长，潮汐能蕴藏量丰富，沿海潮汐能量约有 1.9 亿千瓦，每年可发电 2750 亿度。此外，潮汐能属于清洁环境新能源，它优于煤、石油等燃料，在供人类利用时，不会排出大量的废气和废物，污染极少。所以世界各国都很重视对它的开发和利用。

我国从 1958 年开始，陆续在沿海地带建立了一些小型潮汐电站，这些试点都为建立大电站，更好地利用潮汐积累了经验。潮汐发电，过程很简单：在岸边设闸门，闸门两侧放置水轮机和发电机。涨潮时，闸门外的水面开始上升，满潮后，打开闸门，潮流涌进来，冲动水轮机，水轮机便可以带动发电机发电了。落潮时，先关掉闸门，闸门外的水面开始下降，最后，打开闸门，潮流涌入大海，同样可以带动水轮机，再带动发电机工作。这样，潮流一来一去都没有浪费，而是充分发挥了它的作用。潮汐发电是一项利国利民的事业，值得进一步推广。

海洋与医疗

广袤无垠的大海中，不仅藏有石油和多种矿产，还藏有丰富的药材。种类繁多的海洋动植物，就是永不枯竭的医药来源。

我国早在唐代时，就有人撰写了专门研究海洋药材的著作《海药本草》。

可见大海从很早起就开始为人类健康贡献药材了。

营养丰富的海带

像鱼肝油、琼胶、鹧鸪菜、精蛋白、胰岛素以及中药所用的一些海味，都是历史悠久、疗效甚佳的海洋药物。近年来，人们又从海洋动植物中提取了抗生素、止血药、降血压药、麻醉药，甚至抗癌药。今天，医生们常用的一种杀菌能力很强的头孢霉素及其化合物就是从海洋微生物中提取的。它不仅能消灭革兰氏阳性、阴性杆菌，对青霉素都不能杀死的葡萄球菌也有效力，而且没有抗药性。

海洋中的动植物除了可以治病外，还能食补，丰富人们的饮食口味，达到防病保健的目的。食用海带，可以弥补碘的不足，这是尽人皆知的。其实，从海带中提取的药物，对治疗高血压、气管炎、哮喘以及治疗外出血等都颇有疗效。从马尾藻中可以分离出一种广谱抗生素。而海洋中的马尾藻是取之不尽的。珍珠贝壳的珍珠层粉具有治疗神经衰弱、风湿性心脏病等10多种疾病的功能。乌贼墨在治疗功能性子宫出血和其他类型的出血症方面大显神通，既实用又经济。因为乌贼是我国四大海产之一，产量很高，所以深受百姓喜爱。海龙、海马也是很重要的药用动物，早在《本草纲目》中对它们的功用就有描述。现代中医对海马的评价是具有"补肾壮阳、镇静安神、舒筋活络、散解消肿、止咳平喘、止血、催产"等作用。海龙的药效与海马相似。

海洋动物中有很大一部分具有一定的毒性，有的毒性大得惊人。从某些有毒的鱼类中提取的有毒成分制成的麻醉剂，其效果比常用麻醉剂大上万倍，简直令人难以置信；从海绵动物中分离出来的药物，对病毒感染和白血症有明显疗效；从海蛇中可提取能缩短凝血时间的化合物；从柳珊瑚中能够提取前列腺素来治疗前列腺疾病。

另外，某些海洋生物体内含有抗癌物质，如从河豚肝中提炼制成的药品，对食道癌、鼻咽癌、结肠癌、胃癌都有一定疗效。从玳瑁身上可提取治肺癌的药物。

海洋生物不断繁衍生长，没有穷尽。因此这个药材库也是永远用不完的。当然，我们也不能过度开采使用，还要注意维护生态平衡，保护海洋物种的多样性，为长远打算。

抗生素

抗生素，是一种具有杀灭或抑制细菌生长的药物。天然抗生素是微生物的代谢产物，其中有一些是肽。抗生素是细菌、真菌等微生物在生长过程中为了生存竞争需要而产生的化学物质，这种物质可保证其自身生存，同时还可杀灭或抑制其他细菌。抗生素广泛应用于兽医临床，在控制与治疗畜禽感染。细菌性传染病起到了卓有成效的作用。

地球两端的宝藏

冰天雪地的南极世界其实是一座资源丰富的宝库。

1. 丰富的冰雪资源。

南极是世界最巨大的冰库。南极洲平均气温为 -25℃，除南极半岛外，南极暖季（每年9月21日至次年3月21日）有昼无夜，最暖月份的平均温度在沿岸区约为0℃，在内陆区为 -34℃ ~ -20℃。南极寒季（每年3月22日至9月20日）有夜无昼，最冷月份的平均气温在沿岸为 -30℃ ~ -20℃，内陆区域为 -70℃ ~ -40℃。因此，南极冰层覆盖的南极洲面积为94%，构成了全世界最大的制冰工厂。南极洲冰层平均厚度为1880米，有的地方厚度达4200米。

世界上有70%的淡水和89%的冰量都集中在南极。南极每年结的冰可达1200立方千米。南极洲现已积存的冰总量达到3000万立方千米。如果南极冰层全部融化，世界海面大约会上升550米。如果把这些冰化成水，全世界的人口要4万年才能饮完。

南极洲的宝藏尚有待开发

南极海面上的大冰群被称为冰棚。冰棚是人类有实用价值的水源。南极冰冠边缘有很大面积的陆缘冰，其中最大的为罗斯陆缘冰，它的面积为 538450 平方千米，冰厚 150～335 米。罗斯陆缘冰以每年 1240 米的平均速率向海洋方向移动。据统计，南极陆缘冰总数有 300 多个，总面积为 1588 万多平方千米，陆缘冰所构成的海岸线长约 1 万千米，占南极海岸线总长的一半以上。南极周围的海洋漂着许多浮冰，漂浮远至数千千米，向北可达南纬 50°以外。这些浮冰也称冰山。在南极外围，共有大约 22 万座冰山，平均每座冰山重 10 万吨。据统计，南极冰山的总面积有 3400 多万平方千米，体积达 18 万立方千米。冰山的平均寿命约为 13 年。离南极海岸愈近的地方，海面的冰山愈多。迄今发现的最大的海上浮动冰山面积为 2.6 平方千米，高 40 多米。

可别小看了这些冰山。地球上有 13 亿多立方千米的水，97% 以上在海洋里；咸水，不适合饮用和灌溉。仅剩下的 3% 淡水中，3/4 又存在于大冰块中，而大多数的冰块就在南极。因此，南极洲的陆缘冰是人类宝贵的淡水资源库。

现代社会的高速发展和人类的进步，对淡水的需求越来越大，南极冰块就日益显示出重要性。把经过卫星筛选出的南极冰块用现代技术和先进的搬运工具拖到非洲、大洋洲和美洲等干旱缺水的地方，用来灌溉土地，提供工业和饮用水，在经济上比淡化海水要合算，是未来人类开发利用淡水的一条切实可行的途径。

2. 丰富的生物资源

南极洲的生物资源十分丰富。南极周围的水域是世界上海洋生物最丰富的地区。沉向海底的冷水流把营养物质翻上来，成为海洋生物最好的食物。因此，那些靠海洋冰川生活的海豹、企鹅和生活在冰下水中的鱼类，成为人类饮食单上的美味佳肴。

在南极海域发现的海豹有 6 种。其中，锯齿海豹就有 3000 万多只。最大的海豹称海象，它体长 3 ~ 6 米，重达 6000 千克。海豹的皮毛、脂油和食肉价值巨大，而且风味独特，营养丰富。

企鹅是南极洲的著名动物之一。它善良、乖巧，体内油脂丰富，这是它能在如此寒冷的气候条件下健康生活并大量繁殖的武器之一。它体内的新陈代谢作用也是人类渴望揭开的许多谜中的一个。

南极是世界上产鲸最多的地方。在过去半个多世纪中，世界鲸产量的绝大部分都出自南极。南极常见的鲸鱼有蓝鲸、鲱鲸、抹香鲸、逆戟鲸、子持鲸等。其中蓝鲸较大，体长 30 ~ 35 米，体重达 150 吨。鲸浑身是宝，鲸鱼油富于脂肪，人们可以用来制造奶油、肥皂和润滑油等，鲸鱼肉可作食品和制造人造纤维，鲸骨粉可作肥料，鲸鱼肝可提炼出维生素 A 和维生素 D。

磷虾是南极的另一类生物资源。磷虾是生活在近海及远洋的一种糠虾类的总称。在全部 80 多种磷虾中，南极约有 8 种。南极磷虾个体一般长 3 ~ 7 厘米，重 0.6 ~ 1.5 克，成长期 3 年左右。南极磷虾含有高蛋白质、大量的维生素 B 和许多氨基酸，其营养价值高于牛肉、对虾及一般鱼类、贝类。有人估计，南极磷虾的蕴藏量有几十亿吨，是世界未来的食品库。

当然，至关重要的是，南极的这些宝贵的生物资源，只有有计划地开发和利用，才会最终造福于人类。否则，为眼前的利益所驱动，狂捕滥杀，破坏生态平衡，人类终会自食其果。可以肯定的是，保护南极生态平衡，合理开发利用其资源已成为了人类的共识。

3. 丰富的矿产资源

南极洲的矿产资源也十分丰富。现已查明的矿床有铁、煤、石油、天然气等 120 余种。

南极铁矿最为丰富。在南极的查尔斯王子山脉，就有一个绵延 200 千米、厚度为 100 米的大铁矿脉，其含铁量为 35% ~ 38%。这些铁矿石够全世界开采和使用 200 年。类似的铁矿山，在南极的另外地区也有发现。

南极杜菲克山脉一带存在着世界上含有丰富白金、镍、铜、铬等矿产的最大岩层。这个富含金属矿物的地层，有 6500 米厚，绵延约 33000 平方千米。

南极的煤含量也极为丰富，有人估计有 5 亿吨之多。面积达 100 万平方千米的南维多利亚地区是世界上最大的煤田。

南极地下蕴藏有大量的石油和天然气。有人乐观地估计，南极的石油储量为数百亿桶，天然气的储量为 28300 亿立方米。

此外，南极还有其他一些金属和非金属矿藏，都是人类生活十分需要的。特别在人类对目前所使用的资源开始感到有限和短缺，并为此十分忧虑的时候，南极的巨大资源就像仁慈的大自然为人类的生存准备的一个备用仓库，正等待着不久的将来我们去开发利用呢！

由于南极的自然条件十分险恶，南极资源的开发利用会遇到特殊的困难和阻力，而这些正是对人类智慧的挑战。

北极地区是指北纬 66°33′以内的地区。该地区包括极区北冰洋、边缘陆地与岛屿、北极苔原带和泰加林带，总面积为 2100 万平方千米，其中陆地近 800 万平方千米。北极地区有居民 700 多万人，与南极地区的无

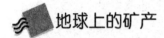

南极风光

人居住区形成了鲜明对照。

北极地区蕴藏着丰富的油、气和煤、铁资源，可望成为 21 世纪中叶后世界重要的能源基地。

南极与北极，都是科学考察和科学研究的理想天堂。在对于与人类的生存和发展有关的重要问题，如全球气候变暖、臭氧空洞、全球环境污染和地球资源浪费等等的研究，两极地区都具有独特的价值。

因此，可以毫不夸张地说，两极的资源极为丰富，两极地区的综合价值极高。人类在生存和发展中，应当充分利用两极的特殊地位和价值来为自己造福。

地球上的矿产

宇宙空间的各类天体，尽管大小、形态各异，但都由相同的 100 种左右的化学元素组成。

人类赖以生存的地球，不管岩石沙丘，还是土壤河川，也都是由化学元素所组成。据测，地壳中有 90 多种自然存在的化学元素。其中氧、硅、铝、铁、钙、钠、钾、镁等 8 种元素的含量，约占地壳总重量的 97% 以上。地壳中含量最多的元素是氧，约占地壳总量的 1/2，其次是占 1/4 的硅。

地壳中的化学元素，在一定地质条件下，可以结合成具有一定化学成分和物理性质的单质或化合物，也就是各种矿物。地球上到处都有矿物，比如我们吃的井盐、粉刷墙壁的石灰、制玻璃用的石英、炼钢用的铁矿石等等。

各种矿物都有一定的化学成分和物理特性。例如石英是由硅和氧组成的透明或半透明的矿物，硬度较大，常呈柱状或锥状晶体；食盐是由氯和钠组成的四方形无色颗粒。也有些矿物，虽然化学成分相同，但内部原子排列不同，就形成性质完全不同的矿物。如大家都知道的，金刚石和石墨的化学成分都是碳，但两者的性质截然不同。

矿物是构成岩石的物质基础。如花岗岩是由长石、石英、云母组成的，大理石则主要由方解石组成。在岩石形成的过程中，某些矿物在地表或地壳中富集起来，达到工农业利用的要求，就是矿产。矿产富集的地段，称为矿床。岩石和矿床的关系十分密切，有的岩石本身就是矿产。

按其成因，岩石可以分为岩浆岩（火成岩）、沉积岩、变质岩三大类。岩浆岩中生成的矿床叫做内生矿床，沉积岩中生成的矿床叫做外生矿床，变质岩中的矿床叫做变质矿床。组成地球的各种元素，有的深埋地下，在高温高压下，形成可以流动的、铁水状的岩浆。岩浆直接喷出地表、形成喷出岩。喷出岩中的矿物颗粒细小、分散，开采价值不大。岩浆上升过程中未到达地表，停留在地壳断裂或缝隙中，形成侵入岩。侵入岩中的矿物，因冷却较慢，因而结晶颗粒大、也比较集中。侵入岩岩浆冷却时，熔点高的元素先结晶，熔点低的后结晶；比重大的元素下沉，比重小的元素上升，所以侵入岩中的矿物，也已经过了分选而形成矿床。世界上许多金属矿，特别是有色金属和稀有金属矿，多分布在侵入岩中。喷出岩和侵入岩，都属岩浆岩。

沉积岩是古老的岩石风化之后，经流水、风力搬运、堆积重新固结而形成的岩石。沉积岩中常能找到古代生物化石。沉积岩中的矿产主要有金、金刚石、钾盐、石膏、石油、煤炭等。

岩石受地壳运动和岩浆活动的影响，化学成分和结构发生改变而形成的一种新的岩石，就是变质岩，变质岩中多含金属矿。

沉积岩标本

熟悉主要矿产的基本特征，是打开地下宝库之门的钥匙。传说，一个赌徒输光了钱，回家路上他捡到一块金光闪亮的"金"块，不禁惊喜万分，以为财运来了，第二天一早就拿到金店去换钱。不料验金师却说："你拿去换杯水喝吧"。赌徒忙问原因，验金师拿锤子一击，"金"块立即破碎，再拿出一块未上釉的瓷板，用碎"金"块在瓷板上一划，划痕不是金色却是墨绿色的，原来这只是一块黄铁矿石。古今因缺乏识矿知识误将黄铁矿、黄铜矿当成金块的大有人在，于是人们戏称黄铁矿为"愚人金"。

识矿其实不难，可以根据矿物的外表特征和物理性质，如颜色、光泽、硬度、条痕、解理和断口等的不同，来进行肉眼识别和鉴定。例如，黄铁矿，形态是立方体晶体，颜色为淡黄铜色，条痕黑绿，有金属光泽等。

通过一定的实践很快就能掌握识矿的技能。

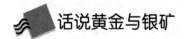 话说黄金与银矿

贵重的黄金

千百年来，黄金成为财富和地位的象征，引起人们的追逐和占有欲望。黄金到底是什么，它是如何形成的呢？

金，在英文和梵文里的原意是"照耀"，在拉丁文中是"曙光"。天然产出的金矿有山金和沙金两大类。黄金由于稀有而珍贵，每300吨地壳的石头里平均才有1克金。当1吨石头里含有3~5克金（相当于一只普通金戒指）时，就有开采价值了。

黄金质软，牙齿可以咬动，用手可以拗弯。1克纯金可拉成长25千米的

丝，比蜘蛛丝还细的金丝，可在高级电子仪器、电子计算机里作集成电路的导线。宇航员面罩上的瞭望玻璃镀上一层薄金，能防止紫外线辐射的损伤。

金的化学性质相当稳定，即使深埋地下数千年的金器都不会坏。又由于黄金较贵重，在国际市场上作为硬通货使用。

目前已知含金矿物有 25 种。其中主要的是以单质形式产出的自然金（古代叫生金），有的如麦麸片，有的像头发丝。这种金矿开采后可以直接冶炼。另外，有许多眼睛看不见的"小不点"金粒，常寄生于黄铁矿、毒砂、黄铜矿等矿石中，叫做"伴生金"，它们要通过采掘、粉碎、分选、熔炼才能提取出来。

黄金矿

当山金和含金岩石裸露地表后，遭受长期风化剥蚀而崩解，金粒和沙、砾岩块一道被流水冲向低处，在水流速度缓慢处停积起来，成为沙金。

极细的粉金要 88.5 万粒才能凑足一两。看得见的叫明金，大小形状如芝麻、麸片、绿豆。那种几千克至几十千克的天然金块俗称"狗头金"，当然是十分稀罕的。

含有杂质的自然金，比水重 15 ~ 18 倍。淘金人利用重沉轻浮的原理，把含金的沙子拿到水里去反复淘洗。那些较轻的沙子经水一淘，逐渐簸出淘砂盘子，而金粒沉于盘底。

当今，世界产金大国要数中国、南非、俄罗斯、美国、加拿大和澳大利亚。我国除上海市外，各省、市、自治区都有金矿点。

人类自从开始采金以来，共生产了近 11 万吨黄金。收存在私人手中和各国金库里的黄金约 8 万吨。美国纽约联邦储备银行金库是世界上最大的金库，在地下 24 米深处，储备黄金 1.2 万吨。

我国古人有观色定金的经验："七青、八黄、九紫、十赤"。

世界上用 K 表示金的成色。12K 是含金 50% 的合金，24K 的纯金含金99.99%，市场上俗称"千足金"，所以俗话说"金无足赤"。

金银矿

在元素周期表里，银和金是同一族；市场上，在黄金饰物中人们往往掺有一定数量的白银。在自然界里，银和金常以"姐妹矿"形式产出。当金矿物中的银含量达 10%～15% 时，叫银金矿；银含量超过金含量的矿物称金银矿，因而，生活中许多金矿既产金又产银。

世界上的银大部分产在铜、铅、铁、镍的硫化物矿床中。江西德兴县银山，是我国自唐代以来发现的惟一的大型银矿。近年又在贵溪县冷水坑发现一个特大型银矿。这两个矿床的银都贮存于方铅矿中，因此，古人把方铅矿称为"银母"。

银矿物有十多种。常见的有铅灰色辉银矿（硫化银）和发丝状自然银。古人称自然银为"生银"，银坑在石缝中状如"老翁须"。银呈金属光泽，银白色，比同体积的水重 10 倍。

古老的变质岩中有银矿，中生代和新生代（公元前 6000 万年至今）的火山岩地区银矿更多。

银是传热、导电的良好材料，多用于制造电子仪器和发电设备的零件。

我国蒙古族牧民常用银碗盛马奶，长久都不会变质。因为银具有极强的杀菌能力，据研究表明：3 克银粉足以杀灭 50 吨水里的细菌，而人畜喝了完全无害。

白银矿

相传古代皇宫贵族吃饭时一定要用银筷，因为他们认为银遇毒会变黑，以此来验证饭菜是否被人下毒。其实，我国的许多传统菜，如松花蛋、臭豆腐中都含有少量的硫化氢气体，也能使银筷发黑，但并不会让人中毒发病。科学实验证明，一般人较熟悉的剧毒物，如砒霜、氰化物、农药、蛇毒等，都不与银直接发生化学反应，所以说，银并没有验毒本领。但古代的砒霜确曾使银器发黑，那是由于古人的炼砒（三氧化二砷）技术不高，提得不纯，里面往往含有硫，而银和硫或硫化氢接触，会生成黑色的硫化银。

全世界每年用于摄影感光材料（电影胶卷、照相纸）的银，约占白银总消耗量的58%。50克银子制成的照相胶卷，可供拍摄2000张照片。

世界主要产银国有墨西哥、秘鲁、美国、加拿大和中国，年产量都在千吨以上。墨西哥的银产量久居世界首位。

19世纪后，英国贩卖大量鸦片到我国，后来又发动了两次鸦片战争，掠夺走了我国无数的白银。1894年甲午海战后，腐败的清朝政府赔偿给日本侵略者2亿两白银，折合6250吨，相当于六个大银矿的总储量，这里浸透了我国劳动人民无数血汗！

硫化氢

硫化氢（H_2S），是硫的氢化物中最简单的一种。其分子的几何形状和水分子相似，为弯曲形。因此它是一个极性分子。硫化氢由于H－S键能较弱所以300℃左右硫化氢分解。常温时硫化氢是一种无色有臭鸡蛋气味的剧毒气体，应在通风处进行使用必须采取防护措施。

支撑工业发展的铁矿

一个炽热的火球呼啸着冲向地面，落在西亚的一个山坡上，激起一声轰响。响声过后火焰熄灭，人们看到一块乌黑油亮的椭圆形铁饼躺在乱石岗上，这个"天外之物"被伊斯兰教徒视为圣物。千余年来，世界各地的伊斯兰教徒常常长途跋涉，不远万里，来到圣铁旁，要亲手抚摸一阵，口中还念念有词，意在祈求真主保佑。相传摸到这个铁块的人，便能去灾避祸、生活美满。其实，这是太空中的小天体被地球吸引、投入了大地的怀抱。该天体含铁较多，燃烧后形成一块铁饼，是一块陨铁。

人类认识铁的历史比铜更早。然而，由于铁的熔点（1535℃）要比铜高

500℃，冶铁技术的难度更大，因此，在人类发展史上，铁器时代要晚于青铜器时代。

铁在地壳中的含量为 4.75%，比铜的含量高 600 倍。因此，铁矿比铜、铅、锌等有色金属矿丰富得多。构成铁矿床的含铁矿物主要有磁铁矿、赤铁矿、镜铁矿、菱铁矿、褐铁矿和针铁矿。用来炼铁的矿物以含铁量较高的赤铁矿和磁铁矿为主。

赤铁矿的成分是三氧化二铁，颜色呈暗红色或钢灰色，它因粉末呈红色而得名。赤铁矿比同体积的水约重 5 倍，有时呈现有趣的肾状块体或鱼子状集合体。集合体呈锃亮的玫瑰花瓣状的赤铁矿特称镜铁矿。

磁铁矿最显著的特征是具有强磁性，所以又称"吸铁石"。内蒙古自治区乌兰察布草原有一座海拔 1783 米的巍峨高山，历代传说那里有无边的神力。据说，成吉思汗有一次率轻骑上山，可是往日的千里马到山顶时，马蹄居然不能动弹。武士们奋力推马，直到铁马掌脱落，骏马才恢复了行动自由。1972 年 7 月，28 岁的地质学家丁道衡到这里考察，终于揭开了这个千古之谜。原来，这是一座铁矿山，吸住马掌铁的不是神力而是磁铁矿的强磁性。这就是今天的白云鄂博铁矿，称得上是天然的大磁铁。

赤铁矿的形成过程相当复杂。如果将地球比作鸡蛋，那么 3000 千米深处的铁镍地核犹如蛋黄。3.5 亿~5.7 亿年前的地壳较薄，断裂多而深，火山喷发频繁，蕴藏在深处的含铁岩浆大量喷出地表。岩浆在地面附近冷却的过程中，分离出铁质和铁矿物，在一定部位相对富集形成铁矿。含铁岩石经日晒雨淋，风化分解，里面的铁被氧化。氧化铁溶解在水中，被带到平静的宽阔水盆地里沉淀富集成沉积型铁矿。再经多次地壳变动，铁进一步富集。世界上众多著名大铁矿（储量超过 1 亿吨）就是这样形成的。

全世界已探明的铁矿石储量有 2000 多亿吨。加拿大、巴西、澳大利亚、俄罗斯的铁矿储量和产量均居世界前列。另外，储量较多的还有印度、美国、法国及瑞典等。

我国的铁矿储量也相当可观，主要分布于内蒙古、辽宁鞍山、河北迁安和宣化、长江中下游、四川攀枝花等地。在终年覆盖着皑皑冰雪的祁连山深处，有一座全国海拔最高的铁矿山——酒泉钢铁公司镜铁山矿。海南岛的石碌铁矿以赤铁矿为主，矿石含铁量平均在 52% 以上，为国内少有的富铁矿。我国铁矿资源虽较丰富，但以贫矿居多。因此，每年要从国外进口大量的富铁矿。

用铁矿石炼出来的铁，工业上以含碳量多少分成生铁（含碳 1.7% ~ 4.5%）、熟铁（含碳 0.1% 以下）和钢（含碳 0.1% ~ 1.7%）三种。在我们使用的各类金属中，钢铁要占到 90% 以上。钢铁产量曾经是衡量一个国家工业水平和国防实力的标志。

铁矿石

目前，钢铁在建筑、工业生产中大量应用，已经成为了经济发展的必需资源。

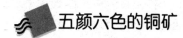

五颜六色的铜矿

铜是人类最早利用的金属矿物之一。

自原始人类从石器时代进入青铜器时代以后，青铜被广泛地用于铸造钟鼎礼乐之器，如中国的稀世之宝——商代晚期的司母戊鼎就是用青铜制成的。所以，铜矿石被称为"人类文明的使者"。

铜在地壳中的含量只有 0.007%，可是在 4000 多年前的先人就大量使用了，这是因为铜矿床所在的地表往往存在一些纯度达 99% 以上的紫红色自然铜（又叫红铜）。它质地软，富有延展性，稍加敲打即可加工成工具和生活用品。

铜矿上部的氧化带中，还常见一种绿得惹人喜爱的"孔雀石"。孔雀石因其色彩像孔雀的羽毛而得名。它多呈块状、钟乳状、皮壳状及同心条带状。用孔雀石制成的绿色颜料称为石绿，又叫石菉。孔雀石别名"铜绿"，它还是找矿的标志呢！1957 年，地质队员来到湖北省大冶铜绿山普查找矿，通过勘探，发现铜绿山是一个大型铜、铁、金、银、钴的综合矿床。

南美洲的智利，号称"铜矿王国"。那里有个大铜矿，也是外国人根据孔雀石发现的，那是 18 世纪末叶的一个故事。当时，智利还在西班牙殖民者的统治下。一次，有个西班牙的中尉军官，因负债累累打算逃往阿根廷去躲债。他取道智利首都圣地亚哥以南 50 英里的卡佳波尔山谷，登上 1600 米高的安第斯山

时，无意中发现山石上有许多翠绿色的铜绿。他的知识水平使他认识到这是找到铜的"矿苗"，于是他带着矿石标本去报矿。后经勘查证实，这是一个大型富铜矿。这座铜矿特命名为"特尼恩特"（西班牙文意为"中尉"）。尽管开采了100多年，目前它仍是世界上最大的地下开采铜矿，年产铜锭30万吨。

地球上已发现的含铜矿物有280多种，主要的只有16种。除自然铜和孔雀石之外，还有黄铜矿、斑铜矿、辉铜矿、铜蓝和黝铜矿等。我国开采的主要是黄铜矿（铜与硫、铁的化合物），其次是辉铜矿和斑铜矿。

铜黄色的黄铜矿与黄铁矿（硫化铁）有时凭直观是很难区别的，只要拿矿物在粗瓷上划条痕可立见分晓：绿黑色的是黄铜矿；黑色的就是黄铁矿。

铜矿有各种各样的颜色。斑铜矿呈暗铜红色，氧化后就变为蓝紫斑状；辉铜矿（硫化二铜）是铅灰色；铜蓝（硫化铜）为靛蓝色；黝铜矿是钢灰色；蓝铜矿（古称曾青或石青）

铜矿石

呈鲜艳的蓝色。在古代文献中，青色即指深蓝色，"青出于蓝而胜于蓝"就是这个意思。

全世界探明的铜矿储量约有6亿吨，储量最多的国家是智利，约占世界储量的1/3。我国也有不少著名的铜矿，如江西德兴、安徽铜陵、山西中条山、甘肃白银厂、云南东川、西藏玉龙等。

在金属王国里，铜的导电性仅次于银。铜矿比银矿多且价格便宜。因此，当今世界，一半以上的铜用于电力和电讯工业。

柔软的锡

早在远古时代，人类的先民们把猎捕来的野兽飞禽，偶尔放在有锡矿石的石头上燃起篝火烘烤。这时他们发现：锡石被木炭火烧烫，流出像银水似的锡液来。这是因为锡的熔点只有232℃，经高温还原很容易从锡矿石中得到金属锡。这正是人类很早发现并利用锡矿的缘由。

锡在地壳中的含量只有0.004%。目前已发现的含锡矿物有50余种，具有工业意义的矿物只有5种。其中以锡石（成分为二氧化锡）最为重要。

科学家用一种手提式γ–谐振锡探测器，可以在几分钟内测定矿石中的含锡量。这种探测器只对锡石起作用，而对没有工业价值的黄锡矿则毫无反应。

原生锡矿的矿床主要与SiO_2含量大于65%的花岗岩类岩石有关。成矿时代主要是2.3亿年以来的中生代和新生代。

原生锡矿床经风化破坏后，锡石转移到砂石中可形成砂锡矿床。冲积砂锡矿床一般离原生锡矿床3～5千米，很少能达8～10千米，沿海地区可能形成滨海砂锡矿。砂锡矿储量大、埋藏浅、勘探和开采较容易，锡矿质量高，含有害杂质少，所以具有很大的工业价值。

锡 矿

锡与其他金属容易友好相处，所以是最重要的合金金属。锡在古代与铜合铸组成青铜，在人类文明史上有显赫的功勋。现代，世界锡总产量的几乎一半是生产制造罐头用的白铁皮，有人因而趣称锡为"罐头金属"。锡在生活中很常见：牙膏皮（现在全改为塑胶袋了）、高级糖果和精装香烟的包装纸、锡酒壶。用含67%的铅和33%的锡可组成焊锡。

我国锡矿的储量居世界首位，主要产于云南、贵州、广西、广东、湖南和内蒙古。自古闻名天下的云南个旧，号称"锡都"。广西大厂探明一个特大型锡矿，锡的储量超过所有锡矿而跃居全国首位。

世界上产锡较多的国家还有马来西亚、玻利维亚、泰国和印度尼西亚等。

青　铜

　　青铜，原指铜锡合金，后除黄铜、白铜以外的铜合金均称青铜，并常在青铜名字前冠以第一主要添加元素的名。锡青铜的铸造性能、减摩性能好和机械性能好，适合于制造轴承、蜗轮、齿轮等。铅青铜是现代发动机和磨床广泛使用的轴承材料。铝青铜强度高，耐磨性和耐蚀性好，用于铸造高载荷的齿轮、轴套、船用螺旋桨等。铍青铜和磷青铜的弹性极限高，导电性好，适于制造精密弹簧和电接触元件，铍青铜还用来制造煤矿、油库等使用的无火花工具。

温暖的地热

　　地球是一个巨大的能量库，地层中蕴藏着极为丰富的热水、热岩浆等资源。据科学家推算，在整个地壳中，地下热水的总量大约有 1 亿立方千米之多，约相当于地球上全部海水总量的 1/10。在地球的任何一个地方，只要钻探到足够的深度，都可以打出不同温度的热水来。地下热水是地热能的重要组成部分。

　　地下的热水并不是从地球内部深处流出的，而是由天上的降水流入地球内部被加热后形成的。当天上的雨水降到地面后，就沿岩石或土壤的空隙、裂缝向地下深处渗透。雨水在下渗过程中，不断吸收周围岩石的热气，逐渐增温而形成地下热水。如果渗入到 30 多千米深处，温度就有 1000℃ ~ 1300℃。如果地层深处有含水性能较好的大孔隙地层，地下热水就会大量聚集起来，形成具有开采价值的地下热水层。在一些地壳变动比较剧烈、岩

羊八井地热资源

层发生深度断裂的地区，由于岩层产生了许多深入地壳内部的裂缝，这些裂缝犹如一条条天然输水管道，不仅为降水流动提供了通道，而且在地球内部强大压力作用下，还会使热水沿着错综复杂的地下裂缝，从深处上升到地表附近，成为浅埋于地下的热水，有的甚至直接露出地面而成为温泉。冰岛是一个多火山、多温泉的北欧国家，那儿的环境优美，烟尘很少，有 30 多处热气腾腾的间歇泉，首都"雷克雅未克"的名字就是由此而来，意思是"冒烟的城市"。美国阿拉斯加半岛南部有一座温度高达 645℃ 的沸泉，温度之高居世界之首位。我国台湾省屏东地区的温泉也很著名，温度达 140℃。

世界上最早用地热发电的国家是意大利，1904 年即已建成一座 500 千瓦的地热发电站。现在最大的地热发电站在美国，装机容量为 50 万千瓦。我国地热资源十分丰富，仅著名的地下温泉就有 2000 多处，也已相继建起了一些地热电站。但总的来说地热的利用率还很低，尚有待我们去开发。

无尽的风能

空气的流动而成为风，风与人们的生产和生活息息相关。

风能也是一种取之不尽、用之不竭的巨大自然能源。据估计，全世界可利用的风能资源约有 10 亿千瓦，比陆地水能资源多 10 倍。光陆地上的风能就相当于目前全世界火力发电量的一半。利用风能，不会产生任何污染物质，而且投资少，见效快，价格低廉。

世界上有许多地方风力资源相当丰富。在南极维多利亚兰德的一个巨大谷口，一年中几乎天天都有 7 级以上的大风，全年平均风速达每秒 19.4 米。如果把这些大风能量都利用起来发电，那将是非常可观的。1978 年，科学家首次提出"风车田开发"的设想，也就是风

人类向海洋寻找资源

力发电站。在一个较大的场地上安装许多台风力发电装置，并共同向电网送电。随后"风车田开发"的设想便付诸实施，美国旧金山已建造了一座由20台50千瓦风机组的1000千瓦风车田，进入20世纪80年代，美国在北卡罗来纳州的蓝岭山修建了世界上最大的发电网风车，该风车有10层楼高，风车钢叶片直径有60米，安装在一个塔形建筑上。风车可自由转动并从任何一个方向获得风力，当风速每秒15米以上时，发电能力达2000千瓦，可供应周围300户人家的用电。目前全美国正在运行的风力发电场有100多处。

新疆达坂城风力发电站

我国海岸线长，季风强盛，风能资源十分丰富。据初步估计，我国风能总储量约为16亿千瓦，其中可利用的就有10%。新疆西北、内蒙古草原、渤海湾、江浙沿海地区，属于风能开发的最佳区域。此外，华北北部及西藏高原也都有丰富的风力资源。目前，我国也正在开发利用风力资源，北京、浙江、内蒙古等地区分别建立了一些小型的风力试验电站。我国第一个风力发电试验站已在福建省平潭县建成。这个风力发电试验站由4台单机容量为200千瓦的风力发电机组成，全年平均发电200多万度。

现代的草原牧民早已改变了从前的单调生活，一台台小型风力发电机将电力送到了千家万户，使牧民家中有了光明，有了歌声，多了了解世界的窗口。

自从1891年丹麦人建立起第一个风力发电站以来，世界上已有数百万台风力发电机在运转。预计到21世纪中叶，风力能源将会获得更多的开发。

专家们并不满足于已被开发的风力的利用，对造成极大危害的风暴他们也试图加以开发。据推测，一个直径为800千米的台风所释放的能量相当于1760个12.5万千瓦的火力发电厂发电量的总和。有人估计，一次飓风在一天释放的能量就能连续给美国供电3年，如果把大西洋上的飓风释放的能量转换成电能，将是个诱人的数字，足以使人类为之而作艰辛的探索。

飓风

飓风，大西洋和北印度洋地区将强大而深厚的热带气旋称为飓风，也泛指狂风和任何热带气旋以及风力达 12 级的任何大风。最大风速达 32.7 米/秒，风力为 12 级以上。飓风在一天之内就能释放出惊人的能量，中心有一个风眼，风眼愈小，破坏力愈大，一般伴随强风、暴雨，严重威胁人们的生命财产，对于民生、农业、经济等造成极大的冲击，是一种影响较大，危害严重的天然灾害。

清洁的太阳能

太阳除了带给我们光和热外，还是一个巨大的能源宝库。尽管太阳向四面八方辐射的热量只有二十二亿分之一到达地球表面，但每秒钟到达地面的总能量仍高达 80 万亿千瓦。如果全部用它来发电，可以得到比现在全球发电总量大 5 万倍以上的电力。

现在利用太阳能的方法主要有两种：一种是把太阳光聚集起来直接转换为热能（光－热转换）；另一种是把太阳能聚集起来直接转换为电能（光－电转换）。用来进行光－热转换的聚光装置主要有平板型集热器和抛物面型反射聚光器。集热器和聚光器可用来供暖、干燥、蒸馏、高温处理等等。世界上最大的抛物面型反射聚光器有九层楼高，总面积达

太阳能发电设备

2500 平方米，中心焦点温度达 4000℃。设计简单、方便使用、可广泛推广的则是太阳灶、太阳能热水器和太阳能干燥器等。

用来进行光－电转换的聚光装置主要是太阳能电站和太阳能电池。太阳能电站分为地面和高空两种。地面太阳能发电站需设有储能装置，以供夜间或阴雨天发电需要。高空太阳能电站是一种设在地球同步轨道上的卫星发电站。由于卫星发电站在太空中运行，没有地球大气的反射、散射和吸收，因此可以大面积、高效地聚集太阳光。卫星发电站上装有许多大型太阳能电池板，可把太阳能收集起来转换为电能。再通过微波发生器把直流电能转换成微波电能，然后由卫星上的微波发射天线向地球进行微波输电。地面接收天线把收到的微波经过整流后，再送往各地的电力网，为广大用户供电。

太阳能电池是利用"光电效应"将太阳辐射能转换成电能的装置。太阳能电池分为硅电池、硫化镉电池、碲化镉电池和砷化镓电池等多种。较常用的是硅电池，它用半导体材料硅制成，它的转换效率一般可达 13% ~ 20%。1988 年，美国桑迪亚国家实验室制成高效率的堆积式多节太阳能电池，它的光电转换效率高达 31%。目前，随着清洁能源的广泛推广，太阳能日益受到人们的重视和喜爱。日本制造的非晶硅藻膜太阳能电池仅 1 微米厚，可用于手表、计算器、汽车等。美国先后设计制造了大型太阳能试验站。我国广大西北部地区光照充足，太阳能热水器、太阳灶等设备已在内陆地区开发使用。尽管技术还不够成熟，太阳能的利用率也不高，但科学家们正在作进一步的努力。他们着手在撒哈拉沙漠中建立世界上最大的太阳能电站。

凭着人类的力量与智慧，各种能源的使用技术将不断出现和完善。

力量巨大的核能

元素周期表中位列 92 的铀，是德国人 M·H·克拉普罗兹于 1786 年给它取的名字，意思是纪念那年发现的天王星。1896 年，法国人 H·贝克勒尔无意中发现铀化物使照相底片感了光，由此断定铀矿石会自动放出眼睛看不见的射线，这种特性被称为放射性。于是科学家设计了一种能接受放射性射线的仪器去探测铀矿。

铀在岩石中，多以化合物形式出现。世界上已发现的铀矿物和含铀矿物

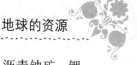

有 190 种,具有工业开采价值的主要有黑色氧化物晶质铀矿、沥青铀矿、钾钡铀矿、硅钙铀矿、钙铀云母等。到 1987 年,全世界探明铀的储量为 267 万吨,其中美国有 40.72 万吨,居世界第一位。

海水中也含有铀,储量约 40 亿吨。20 世纪 60 年代以来,世界上许多国家先后进行了从海水中提取铀的研究。日本已经研制出一种先进的高级吸附剂,把它浸没在海水里,每克能吸取 4 毫克铀,比一般使用钛酸的技术效率提高了 20 倍,当然这样的工作成本也是高昂的。

如果把地球上的铀充分利用起来,铀能等于煤、石油和天然气的总能量的 10 倍。一座 100 万千瓦的火电站运行一年,要耗费 250 万吨煤,而铀只需上百吨左右。如果采用更先进的大型快中子增殖反应堆,使铀能在裂变中不断产生更多的新型核燃料,那么只要一吨铀就足够了。

但不幸的是,铀这种最有希望的新能源,一问世即被用作大规模杀人武器——原子弹。1945 年 8 月,美国把两枚原子弹投在日本的广岛和长崎,造成几十万人的惨死和放射性伤害,在人们心目中投下了恐怖的阴影。

除了军用,铀也用于民用。自从 1954 年第一座核电站在前苏联运行以来,各国竞相发展核电工业。美国是核发电量最多的国家;法国核电占总发电量的比例达 70%,居世界之首。我国已建成秦山核电站,广东的大亚湾核电站等。

切尔诺贝利核电站

1986 年 4 月,前苏联切尔诺贝利核电站发生事故,引起世人对核电站安全的怀疑。但科学家断言,只要从管理和技术上采取严格的安全措施,事故是可以避免的,而且现在的技术完全能够防止悲剧的重演。

核能发电量大,利用率高,经济效益好。与火电相比,虽然投资较大,但燃料费用低,核能发电的成本可以比火电低一半左右。中国利用核能的脚

步也在加快，核能将成为21世纪中叶世界各国的主要能源。

黑金煤炭

在生产、生活、发电等各个领域，我们都可以看到黑色的金子——煤炭的身影。

煤是可以燃烧的含有机质的岩石。它的化学组成主要是碳、氢、氧、氮等几种元素。此外，还可能含有硫、磷、砷、氯、汞、氟等有害成分以及锗、镓、铀、钒等有用元素。

煤是古代植物深埋地下，在一定的温度和压力的条件下，经历漫长的时代和复杂的化学变化而形成的。如果将煤切成纸一样的薄片放到显微镜下，你可以看到植物的细胞组织。在煤矿近旁的石头里，常可见到树枝和树叶的化石。我国辽宁省抚顺煤矿的一些煤块里偶尔夹有杏黄色的琥珀——昆虫和树脂的化石。这些化石都记载了煤的身世和历史。

煤炭资源

煤的种类很多。按煤的含碳量分为泥炭、褐煤、烟煤和无烟煤四大类。一般民用的是无烟煤。除了直接用作燃料外，乌黑而平凡的煤，经过化学加工，可生产出煤气、煤焦油、化肥、农药、合成染料、塑料、糖精、医药品和合成橡胶等产品。

世界煤炭地层分布很不平衡，大多集中在温带和亚寒带，其中北半球一条分布带是从英国奔宁山麓向东横越法国、德国、波兰、俄罗斯，直到我国的华北和东北；另一条则横亘于北美中部。在南半球，煤田仅分布于澳大利亚和南非的温带地区。就煤炭储量而论，以俄罗斯最为丰富，约占世界总储量的43.5%。煤层最厚的是加拿大西部不列颠哥伦比亚省加合特河煤田，地质储量为 100 亿吨，已探明的储量达 14.6 亿吨，煤层总厚度达 300 米。

我国煤炭资源也很丰富，地质储量约为 1.4 万亿吨，大型煤田主要分布于华北的山西、河北和内蒙古等省（区），其中仅山西省储量就达 400 亿吨，东北抚顺也是主产区，其煤田地层厚达 120 米。

近几年，地质学家又在南极大陆发现了世界上最大的煤矿，估计蕴藏量要比其他地方煤储量总和还要多几倍，但开发南极的条件尚不成熟。

煤焦油

煤焦油，又称煤膏，是煤焦化过程中得到的一种黑色或黑褐色粘稠状液体，比重大于水，具有一定溶性和特殊的臭味，可燃并有腐蚀性。煤焦油是煤化学工业之主要原料，其成分达上万种，可采用分馏的方法把煤焦油分割成不同沸点范围的馏分。煤焦油是生产塑料、合成纤维、染料、橡胶、医药、耐高温材料等的重要原料，可以用来合成杀虫剂、糖精、染料、药品、炸药等多种工业品。

储量丰富的天然气

天然气是一种蕴藏在地层内的天然气体燃料。它的成因和石油相似，但分布的范围和生成温度范围要比石油大得多。即使在较低温度条件下，地层中的有机物也能在细菌的作用下演变成天然气。有的天然气蕴藏在不含石油的岩层里；有的和石油贮存在一起。钻探石油时发生的井喷，就是由于地层中的天然气在高压下向外喷发的缘故。

天然气是一种无色的气体，因此它是看不见、摸不着的。但是它有气味，人们可以凭嗅觉来发现它的存在。天然气的主要成分是甲烷，其次是乙烷、丙烷、丁烷，其他还有二氧化碳、硫化氢、氮、氢等气体。

天然气性质活泼，易飘散、燃烧，燃烧时无烟无灰，是较为洁净的燃料。目前成为城市民用生活，机动车运行的主要燃料之一。1000 立方米天然气产生的热量，相当于 3000 千克煤或 6 立方米木炭发出的热量。天然气还是制造

天然气田开发

合成氨、乙炔、氢氰酸、甲醇、酒精、合成纤维、炭黑等的重要化工原料。

世界上已查明的天然气储量为 100 多万亿立方米。俄罗斯和伊朗两国占世界总储量的一半以上。估计南极大陆天然气的储藏量也很丰富，有 3000 亿立方米。

我国天然气资源丰富。据估计，我国大陆及沿海大陆架拥有天然气总资源量为三四万亿立方米。并且已找到十多个气量在 50 亿立方米以上的天然气田，其中气量在 100 亿立方米以上的中型气田 6 个。1982 年起，中美合作勘探的莺歌海天然气田，已探明天然气地质储量超过 1000 亿立方米。

地球的气候

　　我们的地球被一层混合气体包围着，这层气体被称作大气层。当阳光到达地球时，有的地方得到热量较多，比其他地方更温暖。大气在这样的冷热差异驱动下，不停地运动。在大气运动和太阳辐射的作用下，地球表面形成了各种各样的气候现象——从炎热干燥的酷暑到冰天雪地的寒冬，从猛烈的暴风雨到微风徐徐的艳阳天。气候与人类社会有密切关系，人类影响气候，气候也影响人类。例如风调雨顺的天气，会使农作物成熟丰收，给人们带来财富。相反，极端恶劣的天气条件，会导致数百万的财产损失。因此了解气候，掌握气候的规律有利于我人类社会更顺利的发展。

 ## 地球的三条带

　　地球上有各种各样的"带"，它们都与人类的生产生活关系密切，分别是：

1. 气候带

　　气候带是用来表示地球上冷热的分布区域，又可分为天文气候带和物理气候带。

　　天文气候带形成于公元前500多年。我们的祖先在实践中观察到地球的纬度不同，所受太阳辐射也不同，由此又形成人类不同的生活方式和生产方式，形成不同的自然景观和生物现象。人们便按纬度划分了5条带状气候区域：热带，南、北半球温带和南、北半球寒带。

　　物理气候带是公元1800年开始采用的。由于原来的5条天文气候带已不

北纬 30°地标

足以反映复杂多变、丰富多样的地球气候情况。为了更符合全世界各地的实际气候分布情况，科学家们提出用温度、降水量、风等的分布作为划分气候带的标准，并称之为物理气候带。物理气候带由 11 个气候带组成：赤道带；南、北热带，南、北亚热带，南、北温带，南、北亚寒带，南、北极寒带。这样划分得更细致，更方便。

2. 气压带

由于地球表面纬度高低不同，接受太阳辐射的多少也不同，于是形成了不同的气压带。赤道附近受太阳辐射的热量多，温度高。空气受热膨胀上升，气压下降，形成赤道低气压带。而在南、北纬度 30°附近，从赤道低气压带上升的气流开始从高空下降，致使低空的空气密集，气压升高，形成南、北副热带高气压带，也叫回归高气压带。在南、北纬度 60°附近，存在着一组相对的低气压带，叫副极地低气压带。南、北极地附近，由于气温终年很低，空气冷重，气压较高，最终形成了南、北极地高气压带。地球上总共有三个低气压带和四个高气压带。

3. 风带

如同水自高处流向低处一样，空气从高压带向低压带流动，便形成了不同的风带。地球上的三个低气压带和四个高气压带之间共可划分为四个风带：由两极地高气压带向两副极地低气压带流动的空气，受地球自转作用力的影响，偏转为东风，极地盛行东风的地带便叫东风带。由南、北两副热带高气压带吹向副极地低气压的风，偏转为西风，盛行西风的地带为西风带。从南、北两条副热带高气压带吹向赤道低气压带的定向风，因受地球自转影响，又偏转为东南信风和东北信风，刮这两类风的地区分别称为东南信风带和东北信风带。

气 压

气压，是作用在单位面积上的大气压力，即等于单位面积上向上延伸到大气上界的垂直空气柱的重量。著名的马德堡半球实验证明了它的存在。表示气压的单位，习惯上常用水银柱高度。例如，一个标准大气压等于760毫米高的水银柱的重量，它相当于一平方厘米面积上承受1.0336千克重的大气压力。由于各国所用的重量和长度单位不同，因而气压单位也不统一，这不便于对全球的气压进行比较分析。因此，国际上统一规定用"百帕"作为气压单位。

大气圈与气象

从太空中看地球时，我们可以清楚地看到苍穹里有一个被蓝色气团包裹着的球体，上面白云缭绕，海洋和陆地轮廓分明，这就是人类的家园——地球。宇航员站在月球上看地球，就像我们站在地球上看月球一样，在月球天空中悬挂着一个面积比月球大十几倍、亮80倍的蔚蓝色的地球，十分壮观。

地球为什么呈蓝色呢？原来地球周围的大气层笼罩着大地。大气层包含着氮、氧、氩、二氧化碳、臭氧等气体和水汽、尘埃等，总重量在6000万亿吨以上。由于地心的引力作用，大量空气分子集中在离地面5千米的范围内。大气分子使太阳光发生散射，低层大气主要散射波长较短的蓝色光，因此天空就变成了蓝色。

地球上的人们能欣赏到的变化多端的天空景象及云蒸霞蔚的美丽景色，都是大气的功劳。

大气层可以自地面向上延伸到数千千米的高空。根据人造卫星的探测，在2000~3000千米的高空，地球大气的密度才与宇宙空间的密度相似。这个高度就被认为是大气的上界。根据大气温度、密度等在垂直方向上的差异，大气可分为5层：对流层、平流层、中间层、暖层和散逸层。其中对流层、平流层和暖层与人类的关系最密切。

从地面到9~17千米高空，温度随高度的增加而降低，大致每增高100

米气温就会降低0.6℃。这一层就是对流层，冷暖空气不断上下对流，大气质量的3/4和几乎全部的水汽都集中在这里，是云、雨、雪的活动场所。

对流层的上部是平流层，这里大气稀薄，空气做水平运动。由于缺少水汽和尘埃，因而没有蓝天和白云。这里大气平稳，高速喷气式民航客机大都在这一层飞行，平流层内20～30千米的高空臭氧特别多，又称臭氧层。臭氧能大量吸收太阳光中的紫外线，保护地球上的生命免受伤害。

分布在80～800千米高度范围内的大气层称暖层。那里大气在太阳紫外线和宇宙射线的作用下，氧和氮分子被分解为离子，使大气处于高度电离状态，所以又称电离层。电离层能反射地球各地发射的无线电波，使我们可以听到远方电台的广播。该层大气中的氧原子大量吸收太阳紫外线，气温高达1000℃以上。

导弹飞跃大气层

对于人类来说，大气太重要了，地球上有可供生命呼吸的空气，所以地球上才有生命。同时因为地球上有大气圈的保护，所以很难找到被陨星撞击而形成的陨石坑，因为陨星进入大气层后，与空气摩擦发热大多数燃烧掉了。没有大气，也就没有地球上绚丽多姿的地形和奔腾不息的江河。是大气运动使海洋上的水汽输送到了高空中，在适当条件下形成雨水，形成了江河百川、地下和地表径流。地表径流又不断地改变着地球表面的状况，使地形多姿多彩，江河奔流不息。所以大气不仅是生命存在的条件，而且是地球生命的摇篮，是改造地表形态的艺术家和塑造者。

大气对地球还有保温作用。月球因为没有大气而温度很高，太阳照射时温度可使水沸腾（当然月球上并没有发现水），而太阳照射不到的地方温度又下降到零下近200℃。因为地球上有大气，地面温度变化就缓和得多，大气中的水汽和尘埃，对太阳辐射有吸收、反射和散射作用，减弱了太阳辐射，所以在白昼太阳照射时，地面不会太热。地面吸收了热量又输送给大气，称为地面辐射，大气能大量地吸收地面辐射的热量，使气温升高；同样大气对地面辐射也有散射和反射的作用，再把一部分热量传送到地面。大气对温度的这种循环往复，对地面起了很好的保温作用，使地面热量不会大量散失，由于大气对太阳辐射的削弱作用和对地面的保温作用，地表中大量水体得以保持液体形态，供生物在体内进行循环，输送养分和氧气、二氧化碳等。就像人穿衣服以保持体温一样，大气就是地球的外衣。

随着工农业生产和现代科技的发展，人类对大气层的破坏也日趋严重，臭氧空洞的扩大就是典型的例子。保护、净化大气层和更深入地掌握大气的运动变化规律，将是人们长期探索的课题。

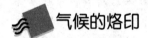 气候的烙印

世界上虽然有多个国家，每个国家又分为各种民族，但总的来说人类主要分三大人种：黄种人（蒙古利亚人或亚美人种）、黑种人（赤道人或尼格罗人种）和白种人（高加索人或欧罗巴人种）。除了肤色外，人的体型也是高矮大小各不相同。我们一般都以为，造成人与人之间人种、体型差异的主要因素是遗传。殊不知除了遗传因素外，还有千变万化的大气层。大气中温度、日照、气压、降水量的变化都与人种特征及体型发育有着密切关系。不同地区的不同气候环境往往会在人身上打下不同的烙印。

黄种人，发源于中亚和东亚的干旱草原和沙漠地区，主要生活在气候温暖的亚洲。由于光照不强烈，温度适宜，使祖祖辈辈生活于这种气候条件下的人皮肤介于黑、白人种之间。面部相对比较平，因平面有利于保温，散热少。我们华夏各民族因其气候环境条件不同，又有区别：南方温度较高，日照时间长，南方人皮肤就黑些，个子矮些；而北方，气温较低，日照时间短，北方人个头就高大些，皮肤也较白。

热带雨林的环境也同大气层有关

黑种人，生活在赤道附近热带地区。由于光照强烈，气温高，人的皮肤呈黑色，形成了有利的抵御酷热气候的生理特征。如黑种人的手掌和脚掌的汗腺相当发达，其粗和多都远远超过白种人和黄种人；头发多卷曲，并形成很多空隙，当炽热的阳光辐射头顶时，有利于通风散热；鼻梁塌而宽；头较小，头型前后长；脖子短；体型大多前屈。这些体质形态上的特征，都有利于及时散发体内的热量，以适应炎热、干燥的热带气候。

白种人，大多居住在寒带和温带的高纬度地区。这里太阳不能直射，光照强度较弱，气候寒冷，冬季漫长，因此人们肤色浅，体型高大，皮下脂肪较多，头型较圆较大，这都有利于防止散热过快。另外，他们的鼻梁较高，鼻孔道也较长，能将吸入的冷空气较好地预热。

可见，人种的分类也是人类在进化过程中，为适应形形色色的气候环境，逐步进化而来的。

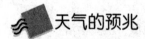 天气的预兆

国粹京剧中的各种角色都有不同的脸谱：黑脸的包公、白脸的曹操、红脸的关羽等等。人物一出场，"好"与"坏"便分明。脸谱是我国戏剧艺术造型所特有的表现形式之一，它使戏剧人物更具典型性和代表性，为戏剧艺术增添了魅力。

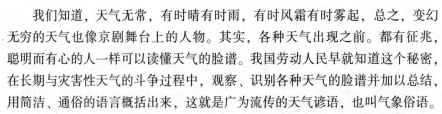

我们知道，天气无常，有时晴有时雨，有时风霜有时雾起，总之，变幻无穷的天气也像京剧舞台上的人物。其实，各种天气出现之前。都有征兆，聪明而有心的人一样可以读懂天气的脸谱。我国劳动人民早就知道这个秘密，在长期与灾害性天气的斗争过程中，观察、识别各种天气的脸谱并加以总结，用简洁、通俗的语言概括出来，这就是广为流传的天气谚语，也叫气象俗语。

当今虽然有多种多样的先进气象监测仪器预报天气，但气象谚语仍有重要作用。它不仅能丰富我们的气象知识，让人们容易了解各类气象变化的因果关系，补充气象观测的直观内容，而且在天气预报中，仍有参考价值。特别在区域性天气预报中更有独特的效应。所以收集、整理、研究、解释并运用天气谚语，也是青少年学习气象科学知识的又一途径。

1. "看风识天"的谚语

如"东南风，雨祖宗；东北风，晒太公"、"东风急溜溜，难过五更头"、"八月南风二日半，九月南风当日转"、"南风吹暖北风寒，东风多湿西风干"、"南风吹到底，北风来还礼"、"春南夏北，有风必雨；春东夏西，雨随风起"、"一日南风三日曝，三日南风狗钻灶"等等。我国位于亚洲东部、太平洋西岸，所以南风、东南风、东风或者东北风都会从海洋上带来暖湿气流。暖湿气流与冷空气相遇，形成锋面，往往会下雨。也有特殊情况如"春东夏西，雨随风起"，夏季吹西风，说明该处在气旋控制下是低气压区，气流做上升运动形成降水条件，所以有时夏季西风也下雨。"一日南风三日曝，三日南风狗钻灶"，指冬春的风向。冬春季节，当南下的冷空气减弱后，暖空气便乘机北上，形成偏南风，天气就会回暖，所以有"三日曝之"的说法。连续吹了几天南风后，当地气温升高，气压降低，又引导北方冷空气南下；冷空气南下气温下降，所以冻得狗要向灶膛里面钻！

2. "看物象识天"的谚语

如"础润而雨，月晕而风"、"久晴大雾必雨，久雨大雾必晴"、"霜夹雾，旱得井也枯"、"雷公先唱歌，有雨也不多"、"水里鱼儿跳，风雨就要到"、"麻雀屯食要落雪，蚁窝垒高要下雨"、"母鸡不归巢，风雨就要到"、"燕子低飞蛇过道，大雨不久要来到"、"猪衔草，寒潮到"等。这类谚语很多，各种物象变化主要同气压、空气湿度等变化有关，所以预示着天气的转变。

3. "看时象识天"的谚语

如"南风送九九，干死荷花气死藕"、"北风送九九，水溢江边柳"、"四

九南风六月旱"、"小满不满，黄梅不管"、"早霞不出门，晚霞行千里"、"日落射角，三日内雨落"、"早起雷，当日晴；晚起雷，不到明"等。"九九"正是春暖时节，这时江淮一带吹南风，说明暖气团势力强，缺少形成锋面的条件，天气将长时期晴朗少雨。所以河塘干枯，荷藕不发。

风、云、物等的变化，都是大气活动、湿度和气压变化引起的征兆，自有其暗含的科学道理。我国民间流传的气象谚语，是劳动人民长期观测气象的智慧结晶，多做些收集和分析工作，将有益于气象科学的研究和对生产、生活的指导。

晕

晕，是一种自然界的光学现象。与彩虹产生的原理一样，都是由于当太阳或月亮的光线透过高而薄的白云（卷云、卷层云或卷积云）时，受到冰晶折射而形成的彩色光圈，彩色排列顺序内紫外红。出现在太阳周围的光圈叫日晕，出现在月亮周围的光圈叫月晕。日晕或月晕的出现，往往预示着天气要有一定的变化。一般日晕预示下雨的可能性大，而月晕多预示着要刮风。

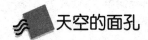 天空的面孔

天气变化无常，一会阳光灿烂，一会又狂风暴雨。我们可以将天气的不同变化，用"四张脸"来表示。

1. 第一张脸：晴朗的天空

晴天时，阳光在穿过大气层后，会碰到大气中的气体分子、微小尘埃和微小的冰晶，于是便以这些物质为中心，不停地向四面八方散射开来。这些散射光，照亮了我们周围的大千世界，使我们看到了明亮的天空。

在太阳光的赤、橙、黄、绿、靛、蓝、紫7种颜色中，赤、橙、黄、绿不易被大气散射，能够很快到达地面，因此，平时这些颜色的阳光不常见。

在离地面10千米以上的大气中，青紫色的光被吸收和散射，所以，如果你有机会到10千米以上的天空观赏风景，就会见到青紫色的天空。而10千

米以下的大气中，最易被散射的是蓝色光。我们周围的大气，如同一杯清水，滴上些蓝色的颜料，便成了蓝色，所以，我们常见的晴朗的天空，总是呈蔚蓝色的。

2. 第二张脸：云

地面上的积水慢慢不见了；晾着的湿衣服不久干了，这些水到哪里去了？原来，它们受太阳辐射后变成水蒸气散发到空气中去了。到了高空，遇到冷空气便凝聚成了小水滴，然后又与大气中的尘埃、颗粒等聚集在一起，便形成了千姿百态的云。

积状云又叫对流云，包括淡积云、碎积云、浓积云和积雨云。它们的外形很像棉花团和高耸的山峰，是由大气对流运动形成的。淡积云、碎积云和浓积云的个体孤立而分散，一般不会形成降雨。如果空气对流旺盛，它们便有可能进一步发展，成为成片成团的积雨云，最后产生降雨。

层状云包括卷层云、高层云和雨层云。它们像幕布一样布满天空，覆盖着几百千米甚至上千千米的地区。这类云最常见于暖湿气在冷气团上部爬升的交界面上。当暖湿空气沿山坡爬行时，也容易生成层状云。

波状云包括卷积云、高积云、层积云和层云。它们的形状很像一片片鱼鳞和屋顶的瓦片，是由大气的波运动形成的。

3. 第三张脸：雨

一片云滴要长大成为能降落到地面的雨水或雪花，必须经历两个过程：一是凝结或凝华增大过程，这种作用在云滴增大的初期起主要作用；二是云滴的碰撞和合并的增大过程，这种作用在云滴增大的后期起主要作用。

在雨滴形成的初期，云滴主要依靠不断吸收云体四周的水汽来使自己凝结或凝华。若是云体内的水汽能源源不断得到供应和补充，使云滴表面经常处于过饱和状态，那么，这种凝结过程将会继续下去，使云滴不断增大，最终成为雨滴。

若是云内出现水滴和冰晶共存的情况，那么，这种凝结或凝华增大过程将大大加快。当云中的云滴增大到一定程度时，由于大云滴的体积和重量不断增加，它们在下降过程中会"吞并"更多的小云滴而壮大起来。当大云滴最后大到空气再也托不住它时，便从云中直落到地面，变成了我们常见的雨水。

4. 第四张脸：冰雹

冰雹是从发展强盛的雹云中形成降落下来的，所以常常与雷电暴雨同时出现。

雹云内部有三个不同的层次：（1）云体的下部是由水滴组成的暖云（温度在0℃以上）；（2）云体的上部是由冰晶、雪花和过冷水滴组成的冷云（温度在0℃以下而未冻结的水滴）；（3）云体的中部是冰水共存的区域。在这种既有水滴又有冰晶、雪花的混合云体中，水汽很容易直接凝华在冰晶上，并使冰晶迅速增大为冰粒。当冰粒大到0.1毫米左右时，就要随着云中的垂直气流上下来回翻腾。当云中的上升气流比较强烈时，冰粒就被送到云的上部，一路上与过冷水滴、冰晶及雪花相碰撞，逐渐凝结成一个不透明的白色冰核，称为"冰雹

冰　雹

胚胎"。

由于雹云中的上升气流时强时弱，变化无常，所以冰雹胚胎就这样一次又一次地被托上去，落下来，经过几次到十几次的反复，冰雹胚胎在这一过程中也越长越大，分量越来越重。当云中的上升气流再也托不住它们的时候，它们就从云中一落千丈地掉下来，成为我们所见到的冰雹。

冰雹过大或袭扰过重，都会给人类生产生活带来极为不利的影响。我国年年发生的冰雹可以使无数农作物和果木减产，因此必须引起重视。

 美丽的彩虹与彩霞

1. 彩虹

在炎热的夏天，一阵暴雨过后，有时我们可以看见一条七色的彩环横跨南北，悬挂在空中，这就是虹，俗称彩虹。

其实，虹是飘浮在空中的小水滴反射太阳光而形成的。如果我们在天气晴好的早晨或傍晚，背对太阳站着，然后用嘴向空中喷出一口水，就能看到在那些水珠上面有一条小小的彩虹。而一场大阵雨后的空气中，就飘浮着许多像这样的小水珠，它们就像一个个悬浮在空中的三棱镜，太阳通过它们时，先被分解成红、橙、黄、

雨后彩虹

绿、青、蓝、紫七色光带，然后再反射回来。这时，如果有人站在太阳（在地平线附近）和雨滴形成的"雨幕"之间，就会看到一条五彩缤纷的彩虹了。如果太阳经过小水滴的两次折射和反射，那么在虹的外侧就会出现颜色稍淡、排列相反的霓。

虹的色彩鲜艳程度和虹带的宽度与空气中的水滴大小有关。水滴大，虹就鲜艳清晰，比较窄；水滴小，虹就淡，也比较宽，如水滴过小，就可能没有虹。

2. 如此美丽的彩霞

日出和日落时分，太阳光要通过大气中较厚的气层才能照射到地平线附近的空中，当阳光通过大气层时，因紫色光和蓝色光波长较短，被散射减弱得最厉害，到达地平线上空时已所剩无几了。余下的光线只有波长较长的红、橙、黄色。这些光线经过地平线上空的空气分子、水汽和尘埃杂质的散射后，我们就能看到色彩艳丽、美如画卷的彩霞了。空气中的水汽、尘埃杂质越多，彩霞的颜色就越鲜艳。天上如果有云块，这些云块也会"染"上艳丽的色彩。

由于霞的颜色和鲜艳程度与大气中水汽的含量、尘埃多少有关，因此，霞的色彩与出没对天气变化有指示意义。谚语说："早霞不出门，晚霞行千里"，就是说早霞预兆天要下雨，晚霞预示晴天来到。

光的散射

　　光的散射，是光传播时因与物质中分子（原子）作用而改变其光强的空间分布、偏振状态或频率的过程。当光在物质中传播时，物质中存在的不均匀性（如悬浮微粒、密度起伏）也能导致光的散射（简单地说，即光向四面八方散开）。蓝天、白云、晓霞、彩虹、雾中光，曙光的传播等等常见的自然现象中都包含着光的散射现象。

话说风风雨雨

1. 风

　　风是空气流动的产物，空气流动就形成风。空气流动得越快，风就越大。对于大范围的空气来说，它的运动有上下左右的区别。气象学上把空气的上下运动叫做垂直运动，也叫做对流，而空气的水平运动就是风。

　　风是如何产生的呢？空气水平方向的流动，是各地的气温和气压分布不均匀造成的。空气流动的规律，是从气压高的地方流向气压低的地方，于是就产生了风。高气压和低气压之间的气压差越大，空气流动的速度就会越快，风也就刮得越大。

　　风是天气变化的主要因素，不同的风能产生迥然不同的天气。地球上除了常年不变的信风和随季节变化的季风外，还有台风、龙卷风、海陆风、山谷风、焚风、布拉风、干热风等形形色色的风。

2. 龙卷风

　　龙卷风是一种威力十分强大的旋风。虽然它的范围很小，一般只有两三百米，大的也不过两千米，但其破坏力却极大。龙卷风是个非常厉害的家伙，破坏力也大得惊人。它可以拔树卷石，翻江倒海，让人畜飞天，叫房倒船翻。

　　龙卷风形成的原因目前尚无定论。一般认为，在夏季对流运动特别强烈的雷雨云中，上下温差很大。当强烈上升气流到达高空时，如遇到很大的水平方向的风，就会迫使上升气流向下倒转，结果就产生许多小涡旋。经过上下层空气进一步的激烈扰动，这些涡旋便会逐渐扩大，形成一个呈水平方

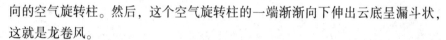

向的空气旋转柱。然后，这个空气旋转柱的一端渐渐向下伸出云底呈漏斗状，这就是龙卷风。

3. 龙卷风卷来的怪雨

龙卷风有时却像个大魔术师，玩出一些让人类吃惊的把戏来。形形色色的怪雨，就是龙卷风创造的奇迹。

（1）五颜六色的彩色雨

1608 年，大西洋的一股龙卷风把北非沙漠中大量微红色、赭石色尘土卷入空中，与云中水滴凝结在一起，朝法国南部一小镇席卷而去。暴雨降落的霎时间，房红了，树红了，地红了，整个小镇浸入一片殷红的"血雨"中。

1959 年春，龙卷风又把黄色的松树花粉掺入了雨中，给俄罗斯恰多斯基区送去了一场"黄雨"。在我国东北大兴安岭的密林里，每到春暖花开的时候，总要下几场带香味儿的"黄雨"，雨水把人的头发染黄了，把小溪的水也染黄了。这是因为，大片的松树在春天开花，黄色的花粉被风吹到林海上空，凝结在水蒸气里，天一下雨，就把黄色的花粉也一起夹着落下来了。

1954 年，美国人有幸目睹了一场美丽的"蓝雨"。原来是龙卷风将美洲杨树和榆树未成熟的花粉吹向了天空，溶在雨滴中，把雨染成了蓝色。

（2）稀奇古怪的物雨

龙卷风把海水、湖水卷上地面，遇到障碍物风力减小，夹杂在水中的生物也就掉下来了，形成了鱼雨、虾雨或龟雨、蛙雨。或是把这个地方的动植物或什么物件卷走落到另外一个地方，就形成了某某动植物或某某物件雨。

19 世纪初，丹麦沿海忽降了虾雨。

1890 年，俄国普克拉省一阵狂风过后，一匹匹花花绿绿的布随同大雨自天而降。

1904 年，飓风猛袭摩洛哥，摧毁了那里的大粮仓，风卷着谷物漂洋过海，将谷子撒在了西班牙海岸上，这里的居民有幸一睹了"谷雨"。

1940 年，前苏联高尔基地区的居民领略了一场"天降银币"的奇观，几千枚模压花纹的银币纷纷从天而降，原来是山崩冲出了埋藏在一个山洞中的银币罐子，一场龙卷风又将这些银币卷到空中，然后伴着雨水落到此地。

1949 年，新西兰一沿海地区下了一场"鱼雨"，几千条活蹦乱跳的海鱼伴着雨水自天而降，撒满大地。

1960 年，法国南部的土伦地区一场"蛙雨"把看热闹的人打得鼻青脸肿。

微风细雨，山村静寂

1971 年，巴西的巴拉比州下了一场"小豆雨"，一场飓风竟然将生长在西非的小豆搬运到这里。无独有偶，1974 年春节，江苏省盐城附近的村子里忽然下起了"豆雨"，数不清的黑豆从天而降，有一个社员一家就捡了一百多斤，这场豆雨就是旋风把另一个地方的黑豆仓库卷扬起来，抛到这里的缘故。

1976 年 3 月 8 日下午，在我国吉林地区下了一场"陨石雨"，那是一块陨石经过地球大气层的摩擦，温度突然升高炸裂为碎块，没有燃烧尽，散落到地面而形成的。

4. 台风

每年进入七八月份，我国东南沿海一带就会多次遭受台风的侵入。台风登陆后，狂风暴雨，给人们的生产生活带来诸多不便。

台风是一个巨大的空气旋涡。它的直径从几百千米到 1 千多千米，高度一般都在 9 千米以上，个别的甚至伸展到 27 千米。台风发源于热带洋面，因为那里温度高，湿度大，又热又湿的空气大量上升到高空，凝结致雨，释放出大量热量，再次加热了洋面上的空气。洋面又蒸发出大量水汽，上升到高空，温热空气以更大的规模迅速上升。这样往返循环，便渐渐形成了一个中心气压很低、四周较冷、空气向低气压区大量汇集的气旋中心。因为这种气旋发生在热带海洋上，所以又叫它为"热带气旋"。在一般情况下，热带气旋并不一定都能发展成为台风，只有当热带气旋连续不断得到更多高温高湿空气的补充，并在气旋的上空形成一个强有力的空气辐散区，使从低层上升到高空的暖湿空气不断向四周辐散出去，这时，热带气旋就可能发展成为台风。

阴冷的寒潮和缠绵的梅雨

1. 寒潮

所谓寒潮，就是北方的冷空气大规模地向南侵袭我国，造成大范围急剧降温和偏北大风的天气过程。寒潮是冬季的一种灾害性天气，人们习惯把寒潮称为寒流。

那么，寒潮是怎么形成的呢？我国位于欧亚大陆的东南部。从我国往北去，就是蒙古国和俄罗斯的西伯利亚。西伯利亚是气候很冷的地方。再往北去，就到了地球最北的地区——北极了。那里比西伯利亚地区更冷，寒冷期更长。影响我国的寒潮就是在那些地方形成的。

由于北极和西伯利亚一带的气温很低，大气的密度就要大大增加，空气不断收缩下沉，使气压增高，这样，便形成了一个势力强大、深厚宽广的冷高压气团。当这个冷性高气压势力增强到一定程度时，就会像决了堤的海潮一样，一泻千里，汹涌澎湃地向我国袭来，这就是寒潮。

2. 梅雨

从我国江淮流域到日本南部，每年初夏 6~7 月间，都有一段连续阴雨时期，这一阶段降水量大，降水次数多，这时正值江南梅子熟的季节，所以称为"梅雨"。由于这段时间里多雨阴湿，衣物容易受潮发霉，因此民间又俗称"霉雨"。

梅雨是一种大范围的大型降水过程，而不是局部的小范围天气现象。我国梅雨主要发生在湖北省宜昌以东，北纬 26~34 度间的江淮流域地区。梅雨结束后，雨带北移到黄河流域，长江流域的降水量明显减少，晴好天气增多，温度升高，天气酷热，进入盛夏时期。

梅雨的形成与东亚季风活动有密切关系。我国地处中纬度地区，东南靠海，受东亚季风活动影响很大。每年春末夏初，夏季风开始活跃，从海上带来丰沛的水汽，空气湿度显著升高。到了 6 月上旬左右，夏季风势力进一步加强，大量的暖湿气流一直推进到我国江淮流域。这股来自南方海上的暖湿气流与来自北方的干冷气流在江淮流域上空相遇，从而形成了一条基本上呈西南—东北向的狭长降雨带。由于这条雨带两侧的冷暖气团的势力不相上下，

势均力敌，因此，降雨维持时间长，范围大，降水量也多。

季　风

　　季风，是由于大陆和海洋在一年之中增热和冷却程度不同，在大陆和海洋之间大范围的、风向随季节有规律改变的风，称为季风。形成季风最根本的原因，是由于地球表面性质不同，热力反映有所差异引起的。由海陆分布、大气环流、大地形等因素造成的，以一年为周期的大范围的冬夏季节盛行风向相反的现象。

奇特的雨

　　1. 按时守点的报时雨
　　巴西有座城市叫巴圭。这里的居民需要问时间时，既不低头看表，也不抬头望日，而是同别人打听"下了第几场雨了？"雨怎么跟时间结了缘呢？原来热带城市终年受太阳直射，天气变化很有规律，下雨都有一定时间，巴圭一天要下几场雨，每场雨都在每日中固定时间，非常准时，久而久之，雨在这里便成了"报时钟"。

　　2. 落不到地面的干雨
　　荒寂浩瀚的沙漠戈壁上的长途跋涉者，头顶着烈日艰难行走。忽见前方天空乌云翻滚，片刻间变得白茫茫的一片，雨从云中降落下来。口干舌燥的跋涉者忽遇甘露，惊喜万分，立即伸出双臂去拥抱。哪里知道这雨只悬在半空，却没有落地。怎么回事？原来这些沙漠戈壁地处内陆，远离海洋，空气异常干燥。偶有云朵形成，降下雨来。可不等雨点落地，便在半空蒸发掉了。这种不落地的雨称为"干雨"，气象学家叫它"雨幡"。

　　3. 与阳光同行的无云雨
　　炎热的夏季，烈日当空，万里无云。你忽感丝丝雨点扑面而来，好凉爽啊！享受之余，不禁要问，哪儿来的无云雨呢？原来它是高空气流作用的结果。夏季的雷阵雨来自积雨云，当积雨云降雨时，如有高空气流吹过雨区，

就会将雨滴吹到无云的地方降落，原来这都是风的把戏。

4. 落地成冰的冻雨

还有一种奇雨，叫"冻雨"。这种雨常发生在北方寒冷地区。当气温低于0℃时，雨滴落在地面，即刻结成一层晶莹透亮的薄冰；落在树枝上，便结成一串串银光闪闪的冰柱，成为北国冬季里的一大奇观。

5. 闪光雨

在变幻万千的天气现象中，常常会出现一些不同寻常的怪事。闪光雨就是一例。1862年1月24日在英国阿伯丁降了一场可怕的黑色雨。1892年西班牙的科尔瓦多城降落的雨滴接触到地面，便产生火花，人们叫它"闪光雨"。

6. 怪雨

天上掉下青蛙、银币、谷

闪 电

粒等稀奇古怪的事情在世界上发生过多次。我国古代也不乏怪雨的记载。《淮南子·本经训》中有"昔者仓颉作书天雨粟"的句子，意思是说，早在仓颉造字能够记述的时候，就有下粟子的记载了。《史记·秦本纪第五》中记道："献公十八年，雨金栎阳。"即公元前367年，在今陕西潼北，渭水北岸，下的是铜、铁等物件。《搜神记》卷六中记道："汉元帝永光二年八月，天雨草而相樛（jiū）结"，即公元前42年，下了草雨并和一些叶子交接纠缠到一块。《明史·五行志》记述的更多了，公元1373年下了冰凌雨。1377年，在浙江金华县一带下了如墨的黑色雨。1493年，在晋南临汾地区下了白虫雨。1563年，在山东德州下了鱼雨。1615年，在湖北南部下了红黑豆子雨。在古代传说中，什么"蜻蜓雨"、"蛙雨"、"黄沙雨"就更多了。

由于当时科学水平的限制，人们解释不了这些怪现象，往往伴随着一些迷信色彩的东西。其实呀，怪雨既怪又不怪。说它怪，就是这些奇异现象超越了一般天气变化的规律，有的几十年、几百年才出现一次，有的甚至千载难逢；说它不怪，就是这些异常现象并不是神差鬼使，而是大自然的产物，弄清它的来龙去脉，对开阔人们的眼界，丰富人类知识的宝库还很有意义呢。

现在，随着科学技术的发展，许许多多怪雨现象都能得到科学的解释了。其中，有不少怪雨是龙卷风的杰作。

除了龙卷风、旋风、风暴造成怪雨外，还有其他自然原因。另外，随着现代化工业的发展而造成的空气污染，也是造成怪雨的一大原因。例如我国台湾省基隆市曾下过一场"酸雨"，把近郊的农作物打得伤痕斑斑，能把衣物腐蚀成一个个小洞。在世界上许多工业发达，污染严重的城市落的雨，经过化验，雨水酸度都有不同程度的增加。所以，保持空气清新，消除和控制环境污染，是当今世界一件大事，也是我国建设和谐社会所不能忽视的。

7. 干打雷不下雨

在我国新疆的塔克拉玛干沙漠有一种"干打雷不下雨"的奇妙景象，只见空中偶尔出现几块乌云，紧接着雷声隆隆，眼看雨从云端落下，可是地面连一滴雨水也没有。这是怎么回事呢？原来这个地方离海遥远，四周又有高山和高原阻挡，温湿的海风吹不进来，气候干燥炎热，雨滴还没落到地面，在空中就被又热又干的热气流蒸发回去了。

龙卷风

龙卷风，是在极不稳定天气下由空气强烈对流运动而产生的一种伴随着高速旋转的漏斗状云柱的强风涡旋。其中心附近风速可达 100～200 米/秒，最大 300 米/秒，比台风（产生于海上）近中心最大风速大好几倍。龙卷风的破坏性极强，其经过的地方，常会发生拔起大树、掀翻车辆、摧毁建筑物等现象，甚至把人吸走。

震动大地的地质灾害

地质灾害是指在自然或者人为因素的作用下形成的，对人类生命财产、环境造成破坏和损失的地质作用（现象）。地质灾害的分类，有不同的角度与标准，十分复杂。就其成因而论，主要由自然变异导致的地质灾害称自然地质灾害；主要由人为作用诱发的地质灾害则称人为地质灾害。就地质环境或地质体变化的速度而言，可分突发性地质灾害与缓变性地质灾害两大类。在地质灾害多发区，对当地人而言，地质灾害就像达摩克利斯之剑高悬头顶，随时可能落下，因此预防并应对地质灾害对保护人们的生命财产安全是十分必要的。

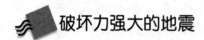

破坏力强大的地震

2008 年 5 月，发生在四川汶川的大地震让你或许至今仍记忆犹新。地震是种常见的自然灾害，破坏性极强。那么关于地震，我们已经了解了哪些知识呢？

在地壳运动中，当地壳中的岩层经不住力的冲击而发生断裂，或者是有裂缝的地方再次发生错位，就要发生地震。

地震是地球表面的震动。地壳岩层在内力的作用下，发生倾斜、弯曲，当积累起来的能量超过岩层能承受的限度时，岩层突然发生断裂或错位。能量释放以地震波的形式向四周传出，引起地面震动。地震最容易发生在地壳脆弱的地带。地震同地球的构造和地壳运动有关，因此地球上的地震主要分布在两个地带。一是环太平洋地震带，它自太平洋东岸的智利环绕洋岸一直

延伸到西南岸的印度尼西亚和新西兰；二是喜马拉雅—地中海地震带。世界上几次大地震，如1906年美国旧金山8.3级大震，1923年日本关东7.9级大震，1960年智利8.9级大震，都发生在太平洋沿岸地区。这里正是太平洋板块与周围一些板块交接的脆弱区域。

地震一般指岩石圈的天然震动。成因主要有两种，即构造地震和火山地震。其中以构造地震影响最大。我国处在世界两大地震活动带之间，是一个多地震的国家。据记载，20世纪以来，我国共发生破坏性地震2600多次，其中6级以上的地震500余次，8级以上的地震9次。世界历史上，死亡人数最多的大地震也发生在我国，那是1556年发生的陕西华西县大地震。据记载，华西县大地震导致83万余人丧生。1976年，我国唐山大地震，震级7.8级，死亡人数也达数十万，整个唐山城被毁。到了21世纪，2008年的汶川大地震，震级为8.4级，死亡超过10万人。虽然，现在人们还没有彻底弄清地震的原因，对地震的规律还没有完全掌握，还不能从根本上消除地震灾害。但是人们已经对地震前常有不少异常现象——地震前兆的发生有了广泛的研究，如地应力、地电、地磁、地下水含氧量和地下水位的变化，动物的异常反应，以及小地震频繁和地表变形、地震云的发现等等。通过预测及时加以预防，就有可能减轻地震带来的损失。

地震是地球上最有威力的事件之一，其后果可能是令人恐怖的。一场剧烈的地震可释放的能量相当于一颗原子弹的1万倍。地壳受地震波冲击，使地面产生裂缝，岩层发生明显升降或水平错位，道路变形、行道树一劈为二、铁轨弯曲、房屋倒塌；如果发生在海边还引起海啸，海浪波及几千米之外，甚至把巨大的船只推上40～50米远的陆地。

地震过程中岩石的运动能使河流改道。地震能诱发造成巨大损失和生命伤亡的山体滑坡。海底的大地震能产生一连串能淹没海岸很多英里、具毁灭性的大海浪，被称为海啸。2005年的印度洋海啸来势凶猛，也不利于人类活动。

地震几乎从未直接伤害人。地震中许多伤亡是由坠落物和建筑物、桥梁以及其他建筑的坍塌造成的。地震发生时，以纵波和横波两种形式向周围释放能量。纵波速度快，先到达地面，使房屋等建筑物"跳动"，根基松动；接着横波再到达，使房屋等再度"摇摆"，所以破坏力特别大，能使大片房屋倒塌，伤害人畜；使桥梁断折、堤坝倾覆、电网、油罐、煤气罐损坏，同时引发大火。大地震还会引起暴风雨，给救援工作造成阻碍。地震后，因水源破坏——人和动物尸体腐烂，还会造成疾病流行……地震中由破裂的煤气管道和电线引起的火灾是另一个主要威胁。危险化学物质的泄露也是一个值得关注的危险。

地震的强度依岩石破裂的多少以及其滑移的距离而定。强大的地震能猛烈地摇动很大范围内的稳固地面。在小震过程中，震动也许没有行驶着的卡车所引起的震动大。通常，强烈的地震每两年发生不到一次。世界上每年至少有 40 次中等强度地震在一些地方造成了损失和巨大的破坏，人们深受其苦。每年大约会发生 4 万 ~ 5 万次能被感觉到的地震，但不会造成损害的小地震居多。

为确定地震的强度和位置，科学家使用一个被称为地震仪的记录仪器。公元 132 年东汉时期，张衡应用倒立摆原理制成"地动仪"。朝廷官员们都怀疑它的作用。公元 138 年，有一天龙口中铜球下落，可谁也没有感觉到地震。但几天后甘肃陇西传来发生地震的消息，有力验证了地动仪的效果。这是人类历史地震史上首次测到

张衡发明的地动仪

地震的发生。地震仪配备了能探测到来自近震和远震的地震波所引起的地面运动的传感器，这个传感器被称为地震检波器。一些地震检波器能探测相当于十亿分之一米或亿分之四米的地面运动。

科学家利用一个单独的传感器来记录地震运动的每个方向。地震仪能产生反映在其下面通过的地震波大小的波状线。称作地震图的震动波的会被刻录在记录纸、胶片或磁带上，或者由计算机来储存和显示。

人们常用的地震强度测量是区域里氏震级，是由美国地震学家查尔斯·里希特于 1935 年确立的。这个震级，一般称为里氏震级，即可测量地震引起的地面运动。在量级上每增加一个数字意味着地震所释放的能量增加 32 倍。如 7.0 震级的地震释放的能量相当于 6.0 震级地震的 32 倍。小于 2.0 震级的

地震非常轻微，通常只有地震检波器才能探测到。超过7.0级的地震可以破坏很多的建筑物，房倒楼塌，公路折反扭曲，一切人间地狱的悲惨景象都可能出现。里氏震级每降低一个单位，地震发生的数量就会增加10倍。如6.0级的地震发生次数是7.0级地震的10倍。尽管大地震常以里氏震级来报道，但科学家喜欢用力矩量级来描述大于7.0级的地震。力矩量级可以测量地震释放的总能量，并且用它来描述大地震比用里氏震级要精确得多。

曾经被记录的用力矩震级描述的最大的地震是9.5级。它是1960年沿南美洲智利的太平洋海岸发生的板块间地震。目前人们所知道的在中亚和印度洋的最大地震，发生在1905年、1920年和1957年。这些地震的力矩震级在8.0~8.3级。

美国历史上最大的板块间地震，是1811年和1812年发生在新马德里的3次地震。这些地震非常强烈，以致造成了密西西比河改道。它们中最大的一次地震发生时，从加拿大南部到墨西哥湾，从大西洋沿岸到落基山脉的地面都发生了震动。科学家估计这些地震的力矩震级大约为7.5级。

科学家们通过测定体波到达地震仪所需要的时间，以3个距离中最小的一个来确定地震的位置。根据这些波到达的时间，地震学家们能够计算出地震离地震仪的距离。

关于地震的起因，科学家建立了一个能解释大多数地震发生的理论，叫做板块构造。根据该理论，地球外部壳体由约10个大的板块和20个较小的板块组成。每个板块由一段地壳和一部分地壳下部厚层炽热岩石地幔组成。科学家称这层地壳和上部地幔为岩石圈。板块缓慢连续地在软流圈上移动，该软流圈是指地幔中炽热柔软层。当板块移动时，它们会发生碰撞、分离或滑动越过另一板块。

板块运动时在板块边界或者附近拉张岩石，并且在边界周围产生断层带。沿着一些断层片段，岩石被固定在一定的位置而不能随板块运动而滑动。压力在断层两侧的岩石中产生，并且引起岩石在地震中的破裂和滑动。

当地震发生时，岩石剧烈的破裂以被称为地震波的震动方式，释放出贯穿地球的能量。地震波从震中向周围的各个方向传播。当地震波远离震中后，它们便逐渐减弱。因此，一般离震中越远，地面震动越弱。

地震中，主要有两种形式的地震波：体波和面波。区分这些波的基础是它们穿过介质材料时的传播模式。体波是最快的地震波，可贯穿地球。较慢的面波沿地球表面传播。面波的运动有点复杂。当面波沿地面传播时，会导致地面和地面上物体发生移动。除产生上下运动外，面波还会发生侧向移动。后者的运动会导致大多数建筑物或地表基础的结构损坏。此外，一次 8.5 级地震释放出的能量，若换算成电能，相当甘肃省刘家峡水电站（122.5 万千瓦/年）近十年的总发电量。如此巨大的能量若用来建造地震能发电站，将给 21 世纪人类的生活、生产带来不可估量的效益。

地震波

地震波，是由地震震源发出的在地球介质中传播的弹性波。地球内部存在着地震波速度突变的基干界面、莫霍面和古登堡面，将地球内部分为地壳、地幔和地核三个圈层，地震发生时，震源区的介质发生急速的破裂和运动，这种扰动构成一个波源。由于地球介质的连续性，这种波动就向地球内部及表层各处传播开去，形成了连续介质中的弹性波。

探测地球的内心

我们知道 CT 扫描技术是医学家用来为病人诊断病情的，那么地球物理学家又是怎样利用它窥视地球的呢？

近些年来，由于科学技术特别是计算机技术的高速发展，人类认识自然界以及人类自身的能力大大增强了。近年来发展起来一种称作层析成像的新技术（也称 CT 技术），把许多复杂的物理过程用一种静态的三维影像显示出来。CT 是英语 Computerized To mography 的缩写。在医学领域是在配备计算机的 X 射线分层照相扫描情况下，利用 X 射线绘制出人体内部的密度变化图，以揭示其内部各器官及异常部分的立体结构。体内密度较大的区域，X 射线吸收也大，这种区域在影像上将呈暗影出现。密度较小的地区，影像就清晰。医学家依此识别人体结构的特征及病情的演化特征。但是，相互重叠的结构则往往难以识别，特别是其密度接近时更是如此。配备计算机的 X 射线分层扫描照相，是将许多沿不同路径射入人体内部的 X 射线提供的信息，用数字方法进行高分辨处理。所得结果为一些水平单片，然后将这些结果重叠时却可显示出三维的内部结构。

要了解地震的层析成像技术，应首先了解一下地震波的某些知识。我们居住的地球是一种弹性介质，它会传导地震波。地震波是一种由地震导致应力释放所触发的能量传播开来的应变。地震波分为体波和面波。体波又分纵波与横波。纵波如同声波一样，它是沿传播方向的周期性压缩和膨胀组成的。横波类似于电磁辐射，波的振荡方向垂直于传播方向，可以发生偏振效应。

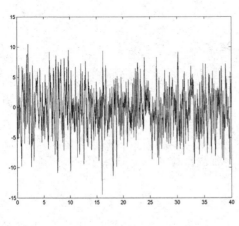

模拟地震波

面波有两种基本类型：端利波和勒夫波。这两种波都是在地球表面传播的波。前者能引起岩石质点在震源与探测器之间的垂直平面内做椭圆形的运动；后者是一种在平行于地球表面的水平面内振荡的偏振横波。虽然面波都沿地表的大圆路径传播，但它们却能散射到深部地幔。因此，它们能提供给人类有关地幔的某些信息。横波的速度随介质的刚性变化而变化，介质刚性愈小，其速度愈低。因此，横波不能通过液体。就是根据这种道理，科学家才发现外地核是液态的。地球内部温度、压力、成分和密度的变化会影响地震波速度变化，从而使地震波折射或反射。这种特性波在地表、核幔边界和固体内地核顶部反射特别强烈。因此，研究穿透地球内部不同路径的地震波，可以得到不同地球内部地区的三维结构。

地球内部，特别是深部是非常复杂的。比如地球的岩石圈层，是由十多块刚性板块组成的。这种板块漂浮在下伏的地幔上，它们的运动规模的影响之大可重塑地球表面，比如形成山脉、海洋等。现在科学家已经找到驱动这种运动的动力是地幔中的对流循环。地幔是固体岩石，但它的温度相当高。因此，整个地质时期内就容易发生变形与流动。地下很多动态过程及地幔中的对流细节，浅层与深部的细结构等等问题，都是利用上述震波层析成像技术进行研究的。应用震波 CT 技术研究地球内部时，所测量的是地震波的波速变化，并非是地震波的吸收，所得结果是反映地幔内波速的快、慢差异。这些异常区常常是通过组合许多交叉射线提供的信息发现的。目前，我国只有十几个基准台站，相对说来数据量较少，因此，有些工作必须借助国际资料。国际地震中心收集了大量有关地震波列和长周期面波记录的数据。在对深部地幔研究中，体波是探索下地幔从深 670 千米的上地幔底部到 2900 千米的地幔界面的惟一直接手段。

不久前，科学家根据 50 多万条射线数据的研究结果，得到了一个下地幔模型，可以分辨出水平规模为 2000～3000 千米和垂直范围在 500 千米的构造特征。另外，科学家还应用这种技术和面波数据，绘制了上地幔内波速异常的横向和纵向震波层析影像图。目前，这种技术已得到广泛地应用。应用这种分析技术，对追踪地震的动态预报是很有用的。值得提及的是，科学家还把这种技术用于矿产勘探领域。除了震波 CT 技术外，目前发展起来的还有电磁波 CT、电阻率 CT 和重力 CT 等。

震波 CT 技术是革新技术的产物，它改变了以往研究问题的程序。科学家们不再试图根据地球重力场推论地幔中密度异常的存在，而是利用地震波得出的密度分布图来解释所观测到的重力异常情况。

尽管震波层析成像技术能使科学家识别隐藏在地球内部深处的某些三维结构，有助于阐明地球内部运动的起因和深化我们对地球内部结构的认识。遗憾的是，现阶段这种技术的分辨率还不高，这是因为现有的数字地震台网过于稀疏，离现实大量工作的要求还相差较远。因此，这就大大限制了它的分辨率，甚至对浅层分析也是如此。当然，深部地球物理学毕竟还是一门年轻的学科，但这项技术是很有希望的。随着数字地震台网数目的加强，其分辨率也就大大提高了，在此基础上 CT 技术将会产生更大、更重要的作用。

科学家通过 CT 技术甚至可以预见地球的未来。

怒吼的火山

或许你在影视节目中见到过火山喷发的场景，一定对那壮观的景象记忆深刻吧。

其实，火山喷发是一种奇特的地质现象。

　　火山爆发是地热或内能释放所形成的现象。火山喷发的过程，有的很短，有的却能持续很长时间，甚至上千年。要问火山爆发是怎样造成的，我们还要认识一下地球的内部世界。原来，地球内部充满着炽热的岩浆。在极大的压力下，岩浆便会从薄弱的地方冲破地壳，喷涌而出，造成火山爆发。

　　1963年11月，在冰岛南面海域，海底火山喷发，大量熔岩堆积成的苏特西岛，是世界上最年轻的岛屿。1931年7月，地中海西西里岛附近海面也突然冒出一个海拔60米高的小岛，小岛的出现引起周边一些国家关于其主权的争夺。正当有关国家外交部长准备开会协调时，这个小岛又消失了。

　　两千年前的中国古籍《山海经》中，已有关于青藏高原火山爆发的记载。这是世界上最早关于火山活动的记录。

　　火山是地球内部岩浆蓄积的能量，在一定条件下冲破地表的一种强烈表现，就像可乐瓶中的气体与可乐，在一定压力下混为一体，一旦开启，可乐与气体就会一并喷出。火山喷发出的物质不仅是岩浆，还有水和冰块，或金、银等其他矿物。岩浆的温度可达700℃～1300℃。喷出的岩浆向四周低处流动，地面的房屋，树木等物体碰到岩浆，瞬间便烧成灰烬。1750年一位意大利农民挖水渠时，发现了被维苏威火山爆发而掩埋的庞贝古城，这是公元79年发生的一次人类大惨剧。火山活动会吞没人类的生命财产，人们对于火山爆发造成的灾害至今还无力抗拒，美国圣海伦斯火山，沉睡123年之后，1980年再次爆发。火山周围堆积了几百米厚、总量达10亿立方米的火山灰和熔岩物质，390平方千米的森林被摧毁。这座1900米高的山峰，也因此而被削低了近200米。火山喷发时喷射的蘑菇云柱高达几千米，火山灰同气体摩擦产生了闪电、雷鸣和强烈的暴风雨，造成难以估算的损失。这以后，圣海伦斯火山又多次爆发。

　　火山喷发时涌出的岩浆，像铁水一样，流到哪里，灾害就延伸到哪里，可以说是无坚不摧。火山喷发时引起的暴风雨和海啸，同样给人类造成深重灾难，有时火山爆发物还含有毒气体。非洲喀麦隆的尼奥斯火山湖在1980年8月21日开始喷出含有硫化氢的有毒气体，至少造成40人中毒身亡，预计死亡人数还会有明显增加。果然，几天后，统计表明，尼奥斯火山湖喷毒事件共造成1746人死亡，另有437人，被送进医院治疗。为此，喀麦隆总统宣布8月30日为"全国哀悼日"，以悼念这次火山湖灾害中遇难的国民。火山喷发现象因此被人们称为"冒着浓烟的魔鬼"。

火山并不都分布在陆地上，也有的在海底，如将海底火山山脉连起来，其长度可绕赤道一周半。

火山可分为活火山、休眠火山、死火山。通常人们认为百年内不活动的火山是死火山，事实并非这样。沉睡611年的菲律宾皮纳图博火山在1991年爆发，沉默两个多世纪的喀托火山1983年也再度喷发成灾。专家告诉我们，火山沉睡时间越长，爆发起来就愈猛烈，喷出的岩浆和危害也更强烈。

火山活动给人们带来了恐惧，但对人类也有功劳可言。火山灰中含有丰富的化学元素，是一种天然肥料。尽管火山随时可能爆发，但著名的火山景区风景优美、独特，还吸引着大量的观光客。北欧国家冰岛还利用火山蒸汽来发电、取暖。

庞贝古城

庞贝古城，是亚平宁半岛西南角坎佩尼亚地区一座历史悠久的古城，西北离罗马约240千米，位于意大利南部那不勒斯附近，维苏威火山西南脚下10千米处。西距风光绮丽的那不勒斯湾约20千米，是一座背山面海的避暑胜地，始建于公元前6世纪，公元79年毁于维苏威火山大爆发。庞贝在当时属于中小城镇，但由于被火山灰掩埋，街道房屋保存比较完整，从1748年起考古发掘持续至今，为了解古罗马社会生活和文化艺术提供了重要资料。

炙热的岩浆

在火山喷发时，我们经常可以看到滚烫的岩浆喷涌而出的场面，十分宏大。

岩浆是地壳深处一种高温、成分极为复杂的硅酸盐熔融体。这种熔融体的物理性质很特别，它既像坚硬的固体，又像柔软的液体。它如同烧红了的玻璃那样，既可流动弯曲，却又十分坚硬和致密。因此，在希腊文中，岩浆的原意是指可以揉搓的"面团"。这种"面团"并非是单一物质，而是包含着种类众多的金属、非金属以及其他气体成分等。地球上所有的化学元素，在岩浆里几乎都能找到。

岩浆岩

地心境界这种高温熔融状态的岩浆，主要集中在离地表几百千米以下的上地幔层内活动。它原本是一种活力很强的物质，只是由于受到沉重的上覆岩层的压力，才使它处于一种强烈的压缩状态之中，不能像液体那样自由自在地流动。尽管如此，由于地壳内部压力的差异，岩浆仍像人体内的血液那样，在地球内部上下流动着，只是它的流动速度非常缓慢而已。一旦地壳出现裂缝，岩浆便会沿着外压力较弱的裂缝和地层浅薄处猛烈地喷发出来，这就是火山喷发。

溢出地表的岩浆，就像刚刚出炉的钢水，火红而炽热。据测定，岩浆的温度一般在900℃～1200℃，最高可达1300℃。它流经之处便是一片火海，冷却凝固后就形成各种火山熔岩，如玄武岩、安山岩、流纹岩等。另一种火山爆发的形式是猛烈爆发，形成火山碎屑岩。有时岩浆未能冲出地表，就会在地壳的不同深度冷却凝固，形成各种侵入岩，如花岗岩、橄榄岩、闪长岩等。

那些原来熔化并分散在岩浆岩的矿物质，随着岩浆的冷凝而按次序逐步结晶分离，重的沉到底部，轻的浮在上面，较活泼的含矿汁挥发成分还可穿进外围岩石的缝隙中形成矿脉。

主要的岩浆聚集在地层深处。不同种类的侵入岩，往往控制着特定的内生矿床。如镍矿、铬矿、铂族元素矿、钒钛磁铁矿等只有超基性岩中才有；钨、锡、钼、铋矿和水晶、金绿宝石等要到花岗岩体及其近旁去找。玛瑙和有些铁矿、金银矿以及好多非金属矿，往往产生在火山岩里。

知识点

结 晶

结晶，是溶质从溶液中析出的过程。可分为晶核生成（成核）和晶体生长两个阶段，两个阶段的推动力都是溶液的过饱和。晶核的生成有三种形式：

初级均相成核、初级非均相成核及二次成核。在高过饱和度下，溶液自发地生成晶核的过程，称为初级均相成核；溶液在外来物的诱导下生成晶核的过程，称为初级非均相成核；而在含有溶质晶体的溶液中的成核过程，称为二次成核。

预报火山地震的办法

火山爆发引起的地震、山体倾塌等，都孕育着巨大灾害。

地球内能释放和应力失衡造成的火山、地震给人类带来巨大灾害，目前，人类对火山地震规律的认识还处于摸索阶段，尚无法准确预报。火山和地震的孕育、发生都与地球内能的集聚，以及地质构造有关，掌握地球内能的产生、聚集、释放过程，释放的条件和了解各地的地质构造，是预报火山、地震发生的重要基础。

地球内能来源于地球内部放射性元素裂变时释放出来的能量，也有产生、聚集和释放（火山爆发）的过程。像烧饭时一样，锅内热汽产生的能量，能够冲决锅盖的重量冒出；继续加热，锅内热汽能量足以将锅盖顶托起来。热汽和米汤就猛然溢出锅外。地球内能释放大体上也是这样，为减少或消除火山爆发造成的灾害，人们在观察掌握火山活动规律、加强预报的同时，如果设法将造成火山喷发的内能转换成电能服务于人类，将是对人类的重大贡献。

有人设想能否在火山活动区，钻若干组深井。将水从一组井口灌进，使其沿着岩层倾斜面，漉向另一组井中，因为深井接近岩浆，水从一组井孔漉向另一组井孔时，得到加热，温度升高，像利用地热一样。这样便消耗了大量地球内部的热能，变对火山的消极防御为主动削弱，且有实用价值。只是投资大，而且一旦火山爆发，难以保证安全。

火山爆发

我国是世界上最早记录地震的国家，对预报地震和努力减少地震灾害，做出过很多有益探索。我国人民早就知道，地震前常出现地震前兆和异常的自然现象，如井水变暖、水升高，动物异常反应，震区出现异常云相，还有地壳变形，小震频繁等等。当代，随着现代科学技术的发展，人们已能运用地质构造图，地质力学理论、板块构造理论等来预测地震，可惜目前的地震预报，时间跨度较长，正确率也不够高，但是在各学科专家的共同努力下，人类总有一天会驯服地震。

地质作用

地质作用，是由自然动力引起使地壳组成物质，地壳构造，地表形态等不断地变化和形成的作用，通称地质作用，其中内力作用使地球内部和地壳的组成和结构复杂化，造成地表高低起伏；外力作用使地壳原有的组成和构造改变，夷平地表的起伏，向单一化发展。地质学界把自然界引起这些变化的各种作用称为地质作用。地质作用主要分为构造运动、岩浆活动、地震作用、变质作用、风化作用、斜坡重力作用、剥蚀作用、搬运作用、沉积作用和硬结成岩作用等。

控制地震的手段

天然地震的人工控制问题包括两个方面：第一个方面是，能不能利用某些技术手段把将要发生的地震"消化"掉，这就是所谓的"地震控制"问题；第二个方面是，某些特定的人类活动，是否有可能导致一些地震的发生，这就是所谓的"地震诱发"问题。这个问题的另一个比较浪漫的提法是所谓"地震武器"问题，它指的是，能否利用某些技术手段，在某些地区，人为地"制造"出一些破坏性地震，从而实现军事打击的目的。

天然地震的人工控制问题与人类对地震成因的认识有着极为密切的关系。在中国古代，人们认为地震是上天对人事国政的一种干预。西周地震的时候，伯阳父就说"周将亡矣"。因此，控制地震的一个被认为是有效的方法就是在政治上不要乱说乱动。清朝康熙年间，北京地区连连发生地震，康熙皇帝的反应之一就是亲赴祈年殿祭祀上天，安抚民心。古代的日本人认为，地震是地下巨大的鲶鱼翻身造成的，因此也就有了用把鲶鱼压在巨石下面的方法来"控制地震"的英雄。

科学意义上的地震成因理论大约开始于20世纪初。1906年，美国旧金山发生了一次大地震，地震发生的时候，圣安德列斯断层发生了明显的错位。恰好在这次地震发生的前后，横跨圣安德列斯断层进行过几次大地测量，这些测标的变化清楚地反映了地震的孕育和发生的过程。在总结这次地震的观测资料的时候，地震学家提出了一个符合实际的地震成因理论，认为地震的基本成因是地下岩石在构造应力的作用下发生弹性形变，当这种形变达到一定程度时，岩石便以断裂的方式回到原来的状态，断裂两侧的岩石发生"永久性的"相对位移。这个理论与后来逐渐积累起来的很多观测事实相符，因而为许多地震学家所接受。

这一科学的地震成因理论的完善花费了地震学家大约半个世纪的时间，这主要是因为其中几个关键性问题的解决需要时间。第一个问题是，地震波从地震震源辐射出来之后，并不能直接到达地震台站，而是要在地球内部发生反射、折射、色散、衰减，这些物理过程与地球内部的物质结构和物理性质有着极为密切的关系。科学家得到目前大家熟悉的地壳、地幔、地核的地球内部结构，是20世纪30年代以后的事。这样，人们所记录到的，并不是真正的震源运动，而是一种经过地球这个巨大的滤波器进行"滤波"处理之后的畸变的运动。如何"扣除"这些畸变从而得到真正的震源运动，并不是一项容易的工作。第二个问题是，地震观测仪器的发展是一个需要时间、需要经费（有时甚至是巨额经费）的过程，它受到很多技术方面的制约。在现代地震观测中发挥了巨大作用的电子技术、数字通讯技术和计算技术的发展，都是20世纪60年代以后的事，而在此之前，进行震源研究所必需的近震源观测和宽频带观测，都还是相当困难的。第三个问题是，对于连续介质中断裂的发生、发展和停止的力学过程的理论解释和实验研究，都是60年代以后才迅速发展起来的。然而无论如何，关于对人类生活产生巨大影响的破坏性地震的成因，目前已经有了一个初步的认识。

形成地震断裂的原因有两个方面：内因是在地球介质中具有地震发生的条件，外因是需要有引发地震的足够的动力来源。一般认为，地震之前通常要经历一个应力积累的过程，这种应力主要来源于岩石层板块之间的相互作用。事实上，全世界的大部分地震能量释放，都集中在板块边界附近。认识到这一点是20世纪六七十年代的事情，这个学说成功地解释了极不均匀的全球地震地理分布的图像。至于比例很小，但却对人类社会生活有着最直接的影响的板内地震的应力场，目前还在研究之中。这个问题的复杂性在于，岩石层是一个整体，这就好像在拥挤的剧场中的骚乱，每个人的确都只能影响到与他最邻近的其他人，但是拥挤的结果，却有可能是一个人的绊倒通过"形变"的"传播"使在他数十米之外的另一个人受伤。应力的积累形成了地震发生的环境，在这种环境下，通常需要经过一系列复杂的物理化学变化，这个过程的观测、描述和预测都是相当困难的。描述这一过程的某些必不可少的物理模型的出现和使用不早于20世纪80年代，这也是为什么地震预测问题至今仍是一个难题的主要原因。经过这一复杂的物理过程，终于在某个特定的薄弱环节上，具备了地震发生的条件，这里也许是业已存在的断裂带，也许是应力特别集中的区域，也许是热作用导致的非常脆弱的地区。但即使如此，地震的发生仍是不容易预测的。这时的情形，仿佛是一个处于大变革前夜的社会，任何一起谋杀甚至交通事故都有可能导致一场战争。用物理学的语言说，此时涨落开始具有决定性的意义。

因此，地震的发生需要两个条件：动力源和地球介质中的薄弱环节。地震控制问题的考虑，一个主要的思路即是解决这两个方面的问题。比如，一些地震学家提出，通过地下核爆炸，是否可能把已积累起来的应力通过"零敲碎打"的方式消耗掉，从而"大震化小"，"小震化了"。应该指出，目前这方面的研究还仅仅是一种研究，在1994年莫斯科"核爆炸诱发地震问题国际工作研讨会"上，争论一直持续到闭幕式还没有结束。不过干预自然过程总是人类一个永恒的愿望，特别是当人类意识到自己的确拥有这个能力的时候，这种愿望会变得尤为强烈和执著。可以预测的是，在21世纪，一定会有几代人为这个梦想而进行不懈的努力，谁能保证他们的梦想不会变成现实呢？

而对一类特殊的"地震"现象的观测和研究，的确在相当程度上增强了人类的信心。因为这里的一个重要问题是，从大小上看，人类活动是否足以对地震有所作为。20世纪40年代以来，一些大型的工程项目表明，人类的确已经开始拥有这个能力。大型的水库甚至可以诱发6级以上的地震。一次10万吨级地下核试验产生的地震波的能量则与一次5级左右的地震相当。与大自然相比，看来至少在某些情况下，人类活动并不是蚍蜉撼树。不过值得指出的是，由水库、核爆炸等人类活动所诱发的地震，在很多方面与我们前面讲到的天然地震是有相当大的差别的。由水库蓄水、采油采矿、地下核试验等人类活动诱发的"地震"和使用这些手段对天然地震的控制，这并不是同一个地球物理问题。明确这一点，还是 20 世纪 80 年代以后的事情。

按照应用范围的不同，地震控制所要采取的技术手段也有很大的差别。比如在需要通过小震的方式解除已经积累起来的应力场时，如何制造出足以消化业已积累起来的应变的小地震，便是地震控制工程所要解决的主要矛盾。在大型工程项目上马时，如何防止诱发地震活动所带来的灾害，是一个需要考虑的重要问题。有时可能需要在人口稀少的地区"制造"一些地震，从而为研究地球内部结构开展有目的的准可控实验。但是，把地震破坏作为一种实现军事打击的武器，却无论如何不能算是地震学家的光荣。

附带说明一下，这里考虑的地震，仅仅是深度为几千米至二三十千米的天然地震。按照成因和性质的不同，地震可以分成三类：中深源地震、浅源地震、诱发地震。深度从约 100 千米到约 670 千米的地震，据认为是地球内部物质的物质组成和物理性质发生突变的直接结果。地震的终止深度约为 670 千米，在此之下，目前还没有观测到更深的地震，一种看法认为，在这个深度上，存在一个明显的间断面，在这个界面的两侧。地球介质的物理性质甚至物质组成都具有明显的差别。中深源地震一般与俯冲带有关，在这个特殊的条带状的地质构造带中，不同的岩石层板块之间发生俯冲或碰撞。比如在日本列岛，太平洋板块俯冲到欧亚板块之下；而在西藏，印度洋板块与欧亚板块发生碰撞，形成了喜马拉雅山和青藏高原。关于浅源地震，我们在前面已经做了很多介绍。某些自然过程和人类活动也会导致地震的发生，这类"地震"称为诱发地震。之所以加上引号是因为这些地震的性质与前面讲过的地震还是有很明显的差别。自然过程引起地震的例子，可以举出的有火山地震、溶洞塌陷等等；人类活动引起地震的例子，可以举出的则有水库诱发地震、矿山地震、核爆炸和大的化学爆炸诱发的地震等等，已如前所述。在 20 世纪七八十年代的科普读物中，经常可以看到"构造地震、火山地震、陷落地震"的分类，那是霍尔尼斯在 19 世纪 70 年代的说法，有一定的道理，但毕竟已经过时了。

天灾可以预防吗？人类生存的自然界有许多自然灾害，像山体滑坡、泥石流、洪水、火山喷发和地震等都是自然灾害。这些天灾经常给人类的生命和财产造成严重威胁与损失，同时也给工程建设带来巨大危害，甚至有时对风光秀丽的风景区也会造成破坏。我国某些地区，特别是西南地区，每年都要发生若干起滑坡现象，占全国滑坡总数的一半以上。目前，我国已受到和可能受到滑坡现象威胁的地区约占全国陆地面积的 20% ~25%。特别是自 20世纪 80 年代起，我国大规模的滑坡活动进入了一个新的活动期，相继发生了湖北盐池河山崩、长江鸡扒子滑坡、甘肃洒勒山滑坡以及三峡新滩滑坡等。总计伤亡人数多达五百余人，直接财产损失数以千万计。若论全球发生的滑坡、泥石流、洪水等天灾现象，那就更多了。这些现象给人类造成的各种损失就更无法统计了。如果事先能比较准确地预报出这些自然现象发生的时间、地点和规模，人类就可以适当采取相应措施，防患于未然，将这些灾害造成的损失减小到最低限度。由此可见，研究这些天灾现象的意义是何等巨大啊！

　　自然界中许多天灾，特别是地质灾害的现象和机理都是非常复杂的。地质灾害有其自身的特点。它们的根本原因是岩石介质有其不连续性，岩体中的节理、断层和破裂结构面，破坏了其连续性和完整性，而且直接影响岩体的力学性质和破坏方式。工程地质科学家早就认识到这种问题，并致力于探索定量测量刻画岩石结构数学模型的研究。但是，由于这种结构面几何形状的不规则性、不连续性及所形成结构面网络的复杂性，使在建立数学模型时遇到了困难。而且，自然界中万事万物都是动态的，而几何特征的静态特性并不能反映表示其孕育过程的动态行为。因为这些灾害现象，一般来说，都有一个复杂的孕育和演变的动态过程，而且它们所处的环境状况人类一时又观测不到，也看不见。就岩石介质而言，它具有高度不均匀性和各向异性。地下温度、压力及化学成分的变化以及外部动力环境对它的扰动影响，这些因素长期耦合在一起，彼此之间既产生合作现象又相互竞争。随着时间的演化，它们便自组织成一个变化复杂的动力系统。随着空间范围的不断扩大，这个自组织系统就成为一个宏观系统。这种宏观的自组织系统的动力学行为，把本来可能是很简单的问题搅得非常复杂和不确定。特别是，这种宏观系统在与周围环境不断地交换着物质与能量，使系统成为不可逆的，而且它存在着突变性。对滑坡而言，不同地区的斜坡系统可能有不同的演化方式。然而，控制这种系统破坏的物理变量的作用却是相同的。对一个斜坡系统，有地质构造、地下水、地应力、地层岩性、地形与地貌、地下温度的变化以及外界

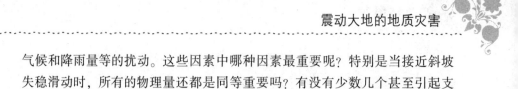

气候和降雨量等的扰动。这些因素中哪种因素最重要呢？特别是当接近斜坡失稳滑动时，所有的物理量还都是同等重要吗？有没有少数几个甚至引起支配和控制作用的物理量呢？回答是肯定的，只是目前尚在探索中。

滑坡、泥石流等几乎都有长时间的孕育过程，有时可达几十年甚至上百年的孕育历史。岩体在这么长的时间里经受自然界的风化与侵蚀作用，尤其是受地幔深部对流过程以及地表板块构造作用力的间接影响。特别是系统在自发演化过程中，系统的动力学特性将导致最终出现不稳定性，即便是系统初期是稳定的。从1983年洒勒山滑坡裂缝的变形过程来看，从1979—1981年上半年，其变形过程是比较稳定的。自1981年下半年开始，裂缝宽度的增长开始不稳定，表现为一种急剧增长的加速过程直至滑坡发生。另外，从洒勒山新滑坡位移变化曲线看，也有一个相对稳定，然后到达失稳的加速过程。尽管这些灾害现象长期的演化过程是相当复杂的，它们的共同特性是，在系统失稳前其物理量均有一明显的发展趋势。我们看到的这种变化奠定了其研究方向和预测基础。

应当指出，很多灾害都与地质条件密切相关，而一涉及地质构造，时间作用就显得十分漫长。因此每当人们观察这种现象时，随机性和不连续性就成为主要矛盾，因此也就难以认识和解释它的复杂性。以往的研究中，很大程度上是根据各种经验，把不规则和不连续的时空变化和前兆现象加以简化及规则化处理，然后进行确定性预报。有时，假定某种现象的时间、空间及规模上处理为相互独立的随机事件，应用这种模型进行危险性分析。实际上，例如滑坡、泥石流及洪水等天灾往往没有严格的周期性，也不是概率均等的随机事件，而且是由系统自身的固有特性决定的。尤其是将系统看成为一种静态过程，就更难识别其本质了。随着科学的进步，科学家正在将上述静态过程迅速转变为真实的动态过程，探索这些天灾系统的复杂性和可预测性。当然，这种理论分析应该建立在实际系统的观测过程中。

现在，科学家将这些灾害的预报分成三个阶段，即长期预报、中期预报和临界预报。实际上，长期预报是一种趋势预报，也是一种近似预报，误差较大。中期预报是在上述基础上根据系统发展状况提出的预报。在这个阶段，系统将显示出演化的各种复杂性。因为每个物理量都在按自己的需要驱动系统向前发展，系统有一定程度的不稳定性。这个时期提出的预报也有一定程度的趋势性，并存在某种程度的误差。临界预报应该说是一种必然性预报。

山体滑坡

系统有明显的优势取向，也许少数几个物理量就能决定系统的发展。这是一个极不稳定的阶段，一切随机因素均不存在。尽管如此，要想知道例如滑坡的具体发生时间仍是困难的，因为准确到何种程度仍是科学家努力的方向。应当指出，某些天灾的研究还是一门年轻的学科，人类对地质体的认识还很肤浅，而且理论分析对实践起指导作用的阶段还刚刚开始。

科学的发展必将使人类深化对各种问题的认识与识别。2000 年以后，人类必将会更准确地知道很多天灾的发生时间。我想不仅如此，人类还将会预防并控制某些灾害的发生，例如某些塌陷、滑坡、洪水和泥石流。对于某些局部的山体滑坡，可应用岩石锚固工程技术抑制其灾害的发生。对于洪水等灾害除了对它们的准确预测外，还可开辟新的渠道并使其发电为人类造福。我们猜测，到了 21 世纪 30 年代，人类可在一定程度上预报、治理并控制自然界给人类造成的危害，同时收集并利用这些灾害中的能量，使人类在与自然界的斗争中保持持久的繁荣与发展。

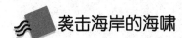

袭击海岸的海啸

海啸是由地震、火山爆发或强烈风暴等所引起的海水巨大涨落。按成因可分为地震海啸、火山海啸、风暴海啸等几种。在茫茫的大海里，地震引起的波浪的高度虽然不到一米，但当它冲击到海岸边或岛屿的岸边时，浪高却急剧上升，最高时可达二三十米，而且每隔数分钟或数十分钟就重复一次。呼啸的海浪可以摧毁堤岸，淹没陆地，夺走生命财产，破坏力很大。

地震是引起海啸的主要原因，但并不是所有地震都会引起海啸。据考察，当地震震级在 6 级以上，震源深度小于 40 千米时，才会形成海啸。因为地震波传播的速度比海啸的波浪要快得多，例如从北太平洋的阿留申群岛到夏威夷群岛，海啸浪比地震波到达的时间要晚5小时。为了防止海啸造成的损失，许多国家在沿海建立钢筋水泥防波堤，设立各种观察站，根据科学的记录作出预报，以便赶在海啸前面，做好预防工作。

在每年的下半年，许多强热带风暴在大西洋及加勒比海形成。当然，其中只有大约五六个产生强大的风暴，每小时75英里（约120.7千米）以上的旋转风，这便形成了飓风。有些飓风通常在沿海登陆，给所到之处造成成百上千万元的损失，致使很多人死亡。

袭击海岸的强大风暴在数百英里、甚至数千英里的远海区产生，起初是无害的旋转风暴，当它们在水面上被夏日加热而驱动时，便被季风推向西方。一旦条件具备，温暖潮湿的气流便从这一气旋的底部流入，并沿气旋上行，然后从顶端流出。在此过程中，热空气中的水分便形成了雨。伴随着降雨，热量被转换成强风形式

海　啸

的能量。随着热量的增加，新生的飓风即开始以逆时针方向旋转。

飓风的平均寿命只有9天左右，但它所具有的力量是我们难以想象的。在一天内，一场飓风所释放的热量可以满足整个美国6个多月的电力需求。一场飓风所造成的死亡及破坏主要出自其中的水，而不是风。一场典型的飓风可带来6～12英寸（约15～30厘米）的骤然降水，而导致洪水暴发。更加严重的是海面上的狂风巨浪，一座座巨大的波涛朝飓风中心的低压区移动，当海潮涌向海岸时，海面可比平时升高15英尺（约4.57米）。

热带风暴

热带风暴，是热带气旋的一种，其中心附近持续风力为每小时63～87千米，即烈风程度的风力。热带风暴于热带或亚热带地区海面上形成。热带风

暴是由水蒸气冷却凝固时放出潜热发展而出的暖心结构，所以当热带风暴登陆后，或者当热带风暴移到温度较低的洋面上，便会因为失去温暖、潮湿的空气供应能量，而减弱消散，或失去热带风暴的特性，转化为温带气旋。

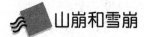 山崩和雪崩

1. 山崩现象

山崩是岩石在重力作用下发生的坍塌现象，它经常发生在山区较陡的地方。山崩时，随着阵阵巨响，烟尘弥漫，岩石迅速分崩离析，向低处坍落。有的人把小规模的岩石滑坡滚落也叫做"山崩"。

造成山崩的因素很多。在山坡下面挖洞，开隧道，开矿，都会引起山崩，强烈的地震也会引起山崩。地震所引起的山崩规模较大，危害更严重。由于岩石风化、水蚀，暴风骤雨侵袭等原因，有时也会发生山崩。

山崩是可以预防的。只要不随意挖洞、开矿，并采取措施，如在山上广泛地植树造林，对一些容易发生山崩的陡坡和危岩及早采取预防措施，可以减少山崩灾害。

2. 雪崩现象

雪崩是积雪向下迅速滑动的自然现象，它有两个先决条件：首先，发生雪崩的地方必然是倾斜的山坡或沟谷，坡度越大，越容易发生雪崩。平原地区即使积雪很厚，也不至于有雪崩出现。其次，还要有较厚的积雪，据一些资料分析，山坡积雪深度 30 厘米以上才会发生雪崩，雪深 70 厘米时就会经常发生雪崩。因为雪崩大都发生在高山积雪地区，它是登山者的大敌。过去有的登山运动员在攀登珠穆朗玛峰时，就是因为碰到了雪崩，被掩埋在积雪之中。此外，降水、气温、阳光、风力、地震以及触动都会导致雪崩。

我国科学工作者经过多年的研究考察，已经总结出建筑土丘、水平台阶、导雪堤工程等一整套防止雪崩的办法，有效地减轻了雪崩的危害。

难解的地球之谜

地球是我们人类的家园，为我们提供了得天独厚的生存环境。开天辟地之初，大自然就在不知疲倦地塑造着地球的沧海桑田，也带给人类无穷的好奇与想象。然而，沧桑变化中频频出现的众多奇怪现象，更勾起了人类对它不断探求的渴望。大地、山脉、海洋、河流、湖泊、蓝天、白云……地球上的每一样事物都与我们息息相关，因此我们需要知道：地球为什么会一会儿大一会儿小？常规能源会枯竭吗？地球自转带来怎样的奇迹？通古斯大爆炸与地球毁灭有关系吗？……现在，让我们一起来探索地球家园的奥秘，感受它的独到之处吧！

地球变大变小之争

一些科学家对阿尔卑斯山做过调查，发现地球的半径比 2 亿多年前（即阿尔卑斯山形成时）缩短了 2 千米。也就是说，地球的半径每年缩短了 0.01 毫米。

科学家又从珊瑚虫石的年轮和生长线分析得知，3.6 亿年前，地球上的一年为 480 天，比现在的 365 天多出 115 天。而 40 亿年前，地球上一天只有 8 个小时，这些数字显然说明，地球的自转速度减慢了。怎么会这样呢？是地球的体积增大、体重加重的缘故吗？地球体积过去是 1.01 万亿立方千米，而现在却膨胀了许多，为 1.08 万亿立方千米。

地球是个没有生命的球体，它为什么会像小孩子一样慢慢长大，又像老年人一样渐渐缩小呢？

认为地球在缩小的人从地球起源中寻找理由：地球从太阳里分裂出来，起初也是一团炽热的熔体，经过漫长岁月的冷凝后，收缩成有硬壳的地球，所以地球在不断缩小。

认为地球在变大的人一说是地球长期以来就在膨胀。地壳运动，大陆分离，这就是地球膨胀的见证，原来连成一体、包着整个地球的大陆在地球膨胀中撑裂，裂缝处变成了汪洋大海，至今有些裂缝仍在扩展，一些大陆之间的距离也在增大。另一说认为地球由宇宙尘埃积聚而成。宇宙尘埃以及陨星等受地球引力的作用，缓缓不断地向地球靠拢。据估计，一昼夜进入地球大气层中的宇宙尘埃等约有 10 万吨，而落入地面的达 100 多吨，一年下来就是 4 万吨，这些尘埃虽有相当一部分又返回了宇宙，但总有一部分留在地上，从而使地球体积不断增大。

地球究竟是在长大？还是在缩小？至今仍是一个谜。

珊瑚虫

珊瑚虫，腔肠动物，身体呈圆筒状，有八个或八个以上的触手，触手中央有口。多群居，结合成一个群体，形状像树枝。骨骼叫珊瑚。产在热带海中。珊瑚虫种类很多，是海底花园的建设者之一。它的建筑材料是它外胚层的细胞所分泌的石灰质物质，建造的各种各样美丽的建筑物则是珊瑚虫身体的一个组成部分——外骨骼。平时能看到的珊瑚便是珊瑚虫死后留下的骨骼。

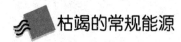

枯竭的常规能源

随着社会经济的发展和人们生活水平的提高，全世界能源的消耗量正在大幅度增长。现在每年消费的能源，按标准煤计算，已从 20 世纪 50 年代的 30 亿吨剧增到 100 亿吨。

世界上各类能源分布很不均匀。有的地区能源丰富，有的地区贫乏。全世界能源消费也极不平均。非洲、拉丁美洲和西亚，能源资源很丰富，但工业还不发达，所以能源产量大于消费量，多向国外输出；在经济发达国家中，除少数国家外，能源都不能自给。现在全世界 200 多个国家中，能源不能自给的有 120 多个。

20 世纪 70 年代以后，为了反对美国等工业大国对石油的控制和掠夺，西亚主要石油输出国实行石油提价。因此靠大量进口廉价石油发展工业的国家，因工业品的燃料成本提高而利润减少，惊呼"能源危机"。在当时，"能源危机"成为工业大国同石油输出国之间的掠夺与反掠夺、控制与反控制的一场斗争。

近年来，世界经济的发展对石油、天然气、煤炭、铁铜矿石等的依赖程度日益加深，油价曾一度高升到 150 美元一桶，让人们感觉到真正的能源危机已经到来。

地球上的能源会用光吗？据一些能源学者估计，从生产增长的角度来看，地球上已探明的石油和煤炭还可以用几十年到几百年，煤炭和石油都是不可再生的矿物能源，总有用完的时候。但科学技术的发展，使人类不断开发出新能源，在太阳的热能和地球内能没有枯竭之前，人类有可能解决自己所需要的能源。

现在许多国家都在研究节约能源和开发新能源，鼓励应用节能技术，奖励开发利用新能源的发明创造。在众多能源专家的努力下，新能源的开发和利用已取得了丰硕成果。

地球的灭顶之灾

一个人，从出生起，慢慢成长，要经历童年、青年、中年到老年，最后死亡，这是无法改变的自然规律。绝大多数人是如此，也有个别人由于偶然事故，会突然死亡。

我们生活的地球，也会因其自身或周围天体合乎规律的变化而有生、有长、有死亡的吗？不错，地球也有童年、青壮年和老年时期。

那么，地球是否会因其自身的原因或与其他天体碰撞而突然毁灭呢？

我们首先看看由于地球内部的运动对地球会有什么影响。

地表在重力作用下，高处不断降低，低处不断堆积，总趋势是地表逐渐变平；另一方面，由于地球内部含有大量放射性元素而产生热核反应，从而

有巨大的放射能，这些能量又能引起地球激烈的构造运动和造山活动，使地表高低起伏。

然而，地球内的放射性元素随着时间的推移逐渐减少，这样地壳温度就会降低，因此，造山运动和火山活动强度也就缓慢减弱，结果地表变平将成为主要趋势。高山逐渐被削平，大陆逐渐被削低，水下大陆架面积不断扩大。加上陆上冰山融化，越来越多的陆地被海水淹没，最后整个地表被海水覆盖。然而，我们不必担心，因为这个过程十分缓慢，它需要几十亿年甚至更长的时间。而聪明的人类利用自然、改造自然的能力增长很快，在上述情况没有发生之前，人类就会把它控制在适于自己生存的范围之内。所以不必担心。

太阳对地球有什么影响呢？众所周知，在所有天体中，太阳对地球的影响最大。

太阳的巨大吸引力使地球绕日公转，太阳辐射是地表自然界万物生长的主要能量来源。太阳辐射的变化引起地球大气环流、地球磁场等的变化，从而影响着地表上的生活。

根据现在我们对太阳的认识，太阳在自己的自然历史过程中已度过了幼年期，现在正值壮年。太阳的壮年期约为 100 亿年，至今已过了差不多一半。也就是说，太阳的壮年期还有 50 亿年左右。

在壮年期内，太阳的质量和辐射的能量变化不大，相当稳定。因此，地球得到的太阳辐射也不会有多大变化，地表的温度也将是相对稳定的，地球上的生物界和我们人类将不断地向前发展。

对太阳来说，壮年期后将进入老年期。那时，太阳将变成一颗体积很大的红巨星。之后，又会变成白矮星，继而变成黑矮星，最后变成弥漫物质。到时候太阳毁灭了，地球也将不复存在，但这是很久很久以后的事了。

换句话说，地球及人类不会在短时期内由于地球内部的原因或因太阳辐射变化而突然毁灭。

地球是否会在短期内与其他天体碰撞而突然毁灭呢？

地球与小天体碰撞是有可能的，实际上，这种碰撞已经发生了很多次。

先看彗星。彗星是太阳系中的一种小天体，它由彗头和彗尾组成。由于彗星的轨道与地球轨道相交，它可能与地球相碰。在最近 100 年内，彗尾曾两次扫过地球，但由于它的质量很小，密度很低，与地球相碰没有什么影响。彗头与地球相撞的机会很小，最近几百年没有发生过一次。即使彗头与地球

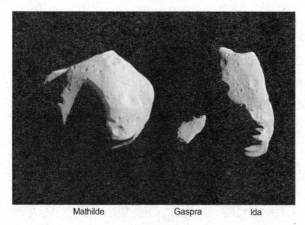

Mathilde　　　　Gaspra　　　　Ida

来自小行星的陨石

相撞，也仅仅只产生很多流星"雨"，不会形成大的灾难。

我们再看看流星。流星原来是进入太阳系的小天体，当它们闯入地球范围内，与地球大气发生摩擦产生很多热量，因此燃烧发光。流星数量众多，每昼夜就有上千万颗，而绝大多数流星在下落时就燃烧掉了，它们对地表没有什么影响。

没有烧完的流星落到地球上就是陨石。现在地球上发现的最大陨石不到百吨。陨石与地球相撞形成的地表陨石坑也仅仅有10多千米直径，因此对整个地球影响小，仅对局部地区造成影响。

那么，太阳会与其他恒星碰撞吗？

宇宙中恒星数量巨大，而且不停地在运动着。它们的运动轨道又是多种多样的。因此，从道理上讲，它们是可能碰撞的。然而，恒星之间的距离很大。如果把太阳与其附近的几颗恒星所在的空间比作宏伟的体育馆大厅，那么太阳与这几颗恒星就好像是大厅中的几粒浮着的尘埃。恒星运动的速度大多数为每秒 8～32 千米，太阳相对附近恒星的运动速度是每秒 20 千米，这样的运动速度与恒星间的距离相比是十分微小的。另外，它们的运动方向各不相同，因而碰撞的机会极小。科学家们做过计算，在银河系里，恒星碰撞一次至少需要 1000 万亿年以上的时间，所以，太阳不会与其他恒星碰撞。

太阳系内的天体，如太阳、月球等是否会与地球发生碰撞呢？

先看月球，它是地球的惟一天然卫星。月球绕地球转动，它相对地球运动的初速度使月球沿其轨道的切线方向做匀速直线运动，而地球对月球的引力把它拉向地球。

地球表面 2/3 以上的面积为海水覆盖。海水在各种力的作用下不停地运动着，运动形式也多种多样。居住在海边的人们都知道涨潮落潮的潮汐现象，

这便是一种海水运动，它是海水受太阳，尤其是受月球的吸引所引起的。潮汐现象可以减慢地球的自转。据考证，潮汐每百年使地球自转减慢约0.0015秒。同时，潮汐也影响月球绕地球运动轨道的变化，使月球绕地球公转加速。这样，月球将会渐渐远离地球。现在地球自转周期与月球绕地球公转周期相差近30倍。可总有一天，大约需要50亿～100亿年时间，地球自转的周期与月球绕地球公转的周期相同了，那时的一天约等于现在的48天，月球与地球的距离也将从现在的38多万千米增加到50多万千米。那时候，由月球引力引起的地球上的潮汐就不存在了。而太阳对地球的潮汐作用还继续存在，地球的自转会继续变慢，其结果，月球绕地球公转的周期比地球自转的周期还短。这些作用将使月球公转的速度减慢，运动的轨道愈狭小。最后，当月球受到的潮汐力大于月球物质之间的吸引力时，月球即粉碎。这些月球碎片绕地球运转，但不是与地球相碰撞而毁灭地球。

我们再来看太阳。地球绕太阳公转，其轨道也是变化的。然而，不管是因太阳辐射引起的质量变化还是地球与太阳引力可能发生的变化，在几十亿年时间内，对地球公转轨道的变化都影响不大。也就是说，地球既不会落到太阳上，也不会脱离太阳系。

总之，从以上分析可以看到，如果不发生核战争，我们生活的地球是不会由于偶然的原因而突然毁灭。我们尽可以在地球这个可爱的故乡里，大展宏图，把地球建设得更美好。

地球自转的奇迹

大自然中有许多怪现象，都是地球自转造成的。比如日月星辰从东方升起，再比如：

（1）赤道与两极的重量差。由于地球不停地自转，产生了一种惯性离心力作用，使地面上的重力加速度因纬度高低不同而不同，赤道处的重力加速度最小，两极地最大。同一物体在不同纬度上的重量也不同，在两极重1千克的东西，到了赤道就会少5.3克。

（2）地球成了椭圆形。由于惯性离心力由两极向赤道逐渐增大，其水平分力指向赤道。在这巨大的水平分力的作用下，海水从两极流向赤道，地球内部除地轴之外的所有质点也都向赤道挤压，形成了一系列与赤道平行的海岭和山脉。久而久之，原始地球的赤道半径就比两极半径大了，地球渐渐变成了椭圆形。

（3）物体运动发生偏向。在北半球，北风会逐渐变成东北风，东风逐渐变成东南风；而在南半球，北风渐渐变成西北风，东风变成东北风。从北极向赤道某点发射火箭，所需的时间假定是1小时，那么，当火箭到达赤道时，准会落在预定目标以西约1670千米处，原预定目标竟然向东转了15°。这是怎么回事呢？这又与地球自转有关，地球自西向东自转，而地球上的物体倾向于保持原来的运动状态，物体的运动就会产生偏向，结果就出现了风转向，火箭击不中目标的现象。

（4）高处下落物总是落在偏东处。有人在垂直的深井中做过试验：自井口中心下落的物体，总是在一定深度撞在矿井的东壁上。这也是由于地球自西向东自转，使自高处降落的物体在下落时具有向东的自转速度，结果必然要撞上东壁了。

（5）飞机向西比向东飞得远。在排除风力影响因素的情况下，两架飞机用同一速度从同一地点出发，分别向东、西各飞行一小时，结果发现向西飞行的飞机比向东的飞机飞得远，谁帮了西行飞机的忙？是地球向东自转玩的把戏。

 知识点

海　岭

海岭，又称海脊，有时也称"海底山脉"，狭长延绵的大洋底部高地，一般在海面以下，高出两侧海底可达3～4km。位于大洋中央部分的海岭，称中央海岭，或称大洋中脊。大洋中脊露出海面的部分形成岛屿，夏威夷群岛中的一些岛屿就是太平洋中脊露出部分。在大洋中脊的顶部有一条巨大的开裂，岩浆从这里涌出并冷凝成新的岩石，构成新的洋壳。所以人们把这里称为新大洋地壳的诞生处。

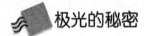 极光的秘密

1950 年 2 月 20 日晚，在莫斯科的北方夜空，出现过一次罕见的北极光。只见两条闪亮的弧光，如闪烁着红光和绿光的长长的彩带，在空中飘飘荡荡，壮观极了。

1957 年 3 月 2 日晚 7 点左右，我国东北边疆黑龙江的漠河和呼玛城一带，也出现了几十年少见的极光。当时，一团霞光突然升腾在空中，转眼间，化作一条弧光，由北向南延伸，光芒四射，鲜艳夺目，整个过程持续了 45 分钟之久。

1958 年 2 月 11 日，北半球发生了一次北极光，规模更大，中国、日本、英国、加拿大、美国等许多地区的人们都有幸目睹了这次极光奇观。

极光自古以来就引起了人们的注意，我国早在公元前 30 年，就有极光的记载。这创造了美丽奇景的极光曾使古人惶惶不安，以为它是大难临头的前兆。在科学高度发展的今天，当然不会再有人相信极光是上帝神灵点的天灯，或鬼神引导死者灵魂步入天堂的火炬。极光究竟是怎样形成的呢？它的创造者又是谁呢？

原来，极光是由于高空稀薄的大气层中带电微粒起的作用。这些强大的带电微粒来自庞大而炽热的太阳，特别是太阳活动最为频繁的年份，从太阳黑子区发射出的带电微粒流也更强。夜间，这些带电粒子与大气分子猛烈相撞，变成原子，并释放出白天所获得的能量，从而形成了极光这种特殊的天象。

极光之所以大多出现在南北两极附近，是因为地球的磁极在那里。而产生极光的又恰恰是带电微粒，这些带电粒子自然趋向磁极。

极光为何那样绚丽多彩？这是由于在带电粒子的作用下，空气中各种不同的气体所发出的光也不同，不仅使极光呈现出彩虹般的美丽色彩，而且使极光的形状也五花八门：有的像幕帐，有的如圆弧，有的为带状，有的呈放射形，有时是缓缓运动着的五彩光流，有时又是褶褶皱皱的光幕，令人如临仙境。极光不愧为自然界最壮观最绚丽的景致之一。

通古斯大爆炸之谜

1908 年 6 月 30 日，在俄罗斯西伯利亚边远地区，通古斯河的支流处，发生了一件惊天动地的大事，一次非常大的爆炸在这里发生了。这次爆炸把方圆 40 千米以内的树木全部推倒，爆炸引起的空气振动使远离几千千米的伦敦的气压计也感觉到了，爆炸时放射的能量，大约相当于一颗氢弹爆炸释放的能量。这次爆炸不仅给当地居民造成了损失，也给人们留下了一个难解的谜团。据目击者说，爆炸时空中升起一个比太阳还要亮的火球，周围一切可以燃烧的东西都被点燃了。巨大山林顷刻被毁，林中动物荡然无存。浓烟裹着大火像喷泉一样冲到 20 千米的高空，形成一个巨大的蘑菇云。爆炸过后，西伯利亚、欧洲以及非洲北部一些地区接连出现了 3 天白夜。那么这到底是个什么东西引发的爆炸呢？最初人们都像我们叫它通古斯陨石那样，认为是从天上掉下来的陨石而引起的爆炸，但是至今没有发现任何陨石块和陨石坑。只是在现场进行能量放射检查之后，才做出判断：可能是某个星球的"空中飞碟"或"原子能宇宙

通古斯爆炸现场

船"发生事故而引起爆炸。另外，还有一些天文学家认为，可能是某个小行星或彗星侵入到我们居住的地球而引起的爆炸。然而，从爆炸发生至今，科学家们对爆炸的原委曾提出过 100 多种假设，但仍然众说纷纭，莫衷一是。

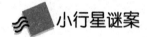

小行星谜案

在地球漫长的演化史上，出现了许许多多至今仍未解开的谜。人们苦苦探索着，提出了一个个不同的假说。"小行星撞击说"就是其中之一。

大约在 2.5 亿年前，一颗外来小行星的飞行轨道偶然与地球轨道相交。小行星撞向地球，引起地球上一次巨大灾变，也创造了一个个地球之谜。

（1）小行星使地球变形，地震中心转移：地球为什么是椭圆形的？据说就是这颗小行星撞击的结果。为什么目前地球上 522 个活火山中，约有 60% 分布在太平洋边缘地带？也是因为小行星撞击地球，致使地球南北极地位置多次发生倒置，北极长期处于太平洋上方，并使大陆块继续向太平洋方向漂移、挤压。历经 2 亿多年的变化，地震中心移入太平洋四周，太平洋边缘地带成了地震和火山活动的多发区。

（2）小行星造成大陆断裂、漂移：在小行星的高速撞击下，原本将美洲、南极洲、非洲、欧洲以及印度连为一体的贡瓦纳古大陆产生了多条断裂带，又由于相撞后的高温高压，迫使南北美洲、南极洲、非洲、印度等产生水平漂移，最后形成了现在的七大洲四大洋。

（3）小行星使地球生物惨遭两次大灭绝：小行星与地球相撞时，产生巨大爆炸，释放出大量放射热，地球呈现一片高温火海，结束了石炭纪和二叠纪早期的温暖湿润时代，地球陷入奇特干燥炎热的气候中，使生物界遭受了地球史上第 3 次全球性的大灭绝（第 1 次距今 4.4 亿年，第 2 次距今 3.4 亿年），海洋生物的 80%、陆地生物的 90% 遭到毁灭。这颗小行星从太平洋方向斜穿入地球中心，成为地核，同时形成高温高压，使地壳内岩石溶化，大量岩浆在高压下向地壳外喷发。地球内部的大量热能历时 1 亿多年，借助火山喷发向地壳外释放，又造成了白垩纪时的持续高温，使恐龙等地球生物遭到第 4 次全球性大灭绝。

（4）小行星造就了青藏高原：在小行星与地球相撞的压力下，使正处于行星撞击点上方的青藏高原严重突起，比亚洲大陆平均高出 1850 米，比欧洲大陆平均高出 2500 米，并形成众多高山峻岭。

（5）小行星使地球形成大量金属矿床：由于小行星撞入地球内部形成高

温熔岩，加速了地球矿产资源的富集，形成大量金属矿床如锡、锌、铝、铅等。

"小行星撞击说"对地球史上众多疑问的解答是否正确，还有待继续探索。

太阳耀斑

太阳耀斑，是一种最剧烈的太阳活动，周期约为 11 年。一般认为发生在色球层中，所以也叫"色球爆发"。其主要观测特征是，日面上（常在黑子群上空）突然出现迅速发展的亮斑闪耀，其寿命仅在几分钟到几十分钟之间，亮度上升迅速，下降较慢。特别是在耀斑出现频繁且强度变强的时候。

恐龙灭绝之谜

我国北京、上海、成都、昆明等地的自然博物馆中，都能看到早已灭绝的庞然大物恐龙化石。

大约在 2.3 亿年到 7000 万年前的中生代，主宰世界的是形形色色的恐龙族。恐龙家族们是地球上人丁兴旺的统治者。像大鸟一样的翼龙，展开 6 米多长的巨翅，能自由自在翱翔于蓝天；貌似鲸的扁蜿龙，悠然自得地巡游于湛蓝的大海；陆地上的巨足恐龙，则成群结队地出现于茫茫草原上。身躯庞大的雷龙，矮小灵活的巨爪龙，一脸凶相的霸王龙，天上飞的翼龙，水里游的鱼龙都是陆地霸主。它们占领了地球的海陆空，在那个时代，简直找不到可与恐龙相抗衡的其他动物。

那时，地球上没有任何生物能够与恐龙匹敌，它们俨然是地球的"主人"，"统治"地球达 1 亿多年。

然而，在 6500 万年前的某一个时期，种群如此庞大的恐龙们顷刻间销声匿迹了。现在仅在自然博物馆中，人们能看到它的骨骼化石、蛋化石以及足印、粪便等遗迹，还有众说纷纭的"灭绝之谜"。这桩震惊世界的"恐龙灭绝"案，成为当代科学十大未解之谜之一。

6500 万年前，恐龙的盛衰给后来的人类留下一连串问题：谁是灭绝恐龙的凶手？自然力量还是自身因素？如果是自然力量，这种力量会不会危及人类社会？如果是自身因素，人类和其他生命，是否也隐藏着这种因素？100 多年来，关于恐龙灭绝的猜测，纷纷攘攘，各种说法都有。有人说当时自然条件优越，恐龙到处都能找到食物，又缺少天敌，于是好吃懒动、身躯庞大、行动缓慢、大脑进化缓慢，这样一旦自然条件恶化，就只有死路一条。这是内因假说。但翼龙是能飞的，扁蜿龙又会游泳，这一说法似乎并非恐龙灭绝的惟一原因。又有人提出，那时哺乳动物已经出现，它们将恐龙蛋都吃掉了，使恐龙们断子绝孙。近年，我国河南省发现了大量恐龙蛋化石，所以这种猜测也缺少说服力。还有人说，可能当时有某种宇宙射线强烈地照射到地球上，将恐龙杀灭了，如果这样，为什么别的生物没有灭绝呢？

究竟使恐龙招致灭族之灾的原因何在呢？

科学家们多方探究，提出了种种解释。目前，可归纳为三大类：地球灾变、天外因素、生物进化。

认为恐龙灭绝于地球灾变的人也提出了几种不同的见解。一说是恐龙灭绝与地球史上的一场大洪水有关。这场大洪水来自

恐龙时代

太阳系一个生存期为 100 万年的冰天体，它曾定期接近地球，引起大洪水，造成恐龙灭绝。二说是当时地球气温下降，而恐龙是温血动物，习惯温和的、变化不大的环境。一旦气候变冷，这些恐龙既无绒毛保暖，又缺乏自我调剂体温的器官，无法适应气候变化，只有死了。三说是当时出现大规模火山爆发，产生了大量二氧化硫等有毒气体，还有大量火山灰，破坏了地球的植被，破坏了恐龙的生存环境。四说是由于地球磁场发生了变化，南极变北极，北极变南极。在转换过程中，地磁场一度为零，结果严重干扰恐龙的内分泌系统，使恐龙无法繁殖后代，或是后代有遗传疾病，最后断子绝孙。

有人认为恐龙灭绝是天外因素造成。至于什么天外因素，也是说法各异。有的说是高能宇宙线所致。大约在 7000 万年前，太阳系附近爆发一颗超新星。这颗超新星发出了极度强烈的高能宇宙线，穿透地球的大气层，使恐龙受到致命的照射而灭亡。有人纠正说，致恐龙于死地的高能宇宙线，不是来自超新星爆发，而是太阳上超级耀斑爆发的产物。还有人认为灭绝恐龙的天外因素是天体撞击地球。但究竟什么天体，又有不同意见。有的说当时曾有颗直径约 10 千米的彗星改变了自己原有的运行轨道，以每秒 30 千米的速度，直撞地球，造成了一场空前的大灾难。彗星撞击后扬起遮天蔽日的尘埃，长期不散，地球生态环境遭破坏，影响了植物生长，断绝了恐龙的食源，致使恐龙最终灭绝。有的说，撞击地球的天体是颗小行星，太阳系中有无数小行星，在运行中与地球偶然相擦而过，给地球带来了巨大灾难。还有的说这天体可能是来自太阳系的一块暗物质或是小黑洞。

近年来，随着现代科技的发展，恐龙灭绝的新见解也应运而生，科学家们正用更新的观点来揭示恐龙灭绝的原因。

1978 年，美国阿尔瓦雷斯及其同事们提出，小行星撞击地球，使地球的自然环境发生巨变，导致恐龙灭绝。他们描绘恐龙家族覆灭的景象：

大约在 6500 万年前，一颗直径约 7~10 千米的小行星，在轨道上运行至地球附近，在地球引力场的作用下，以极快速度冲进地球大气层，一阵巨响后，短时期大批生物随即死去。两星相撞产生的高温，使小行星和地面岩石化为粉尘，直冲云霄，数年中粉尘漂浮在大气的平流层中，遮天蔽日，植物的光合作用受到影响，草木枯萎，地球生态系统崩溃，恐龙类在饥寒交迫中死亡。

阿尔瓦雷斯等人分析了一些国家的黏土层，发现这些黏土层中的金属铱有突然增高的现象。铱是重金属，在小行星等地球以外的天体中含量较高。再通过对形成这些土层年龄的测定，富铱黏土层的年代与恐龙灭绝的年代正好吻合。他的观点得到很多科学家的赞同。美国的艾伦斯和奥基弗博士，在小行星碰撞说的基础上，又提出恐龙灭绝是巨大陨星落入海洋，卷起冲天巨浪的结果。他们利用计算机进行模拟试验，如果一个直径 11 千米的大陨石落进海洋，激起的巨浪 27 小时内便能席卷全球。巨浪冲走恐龙赖以生存的植物，或将它们埋入泥沙。瑞士的研究人员则认为，恐龙是两星相撞后产生的毒气毒死的。1994 年 7 月发生的木星与彗星碎片相撞的情景，地球上的科研

人员通过天文仪器，已亲眼目睹。因而，"碰撞说"将为更多的研究人员所信服，但既然是小行星碰撞，那么撞击痕迹何在？这种假说也有人诘难。

在众多的假说中，"气候变迁"也较有说服力，他们认为，地球自产生以来，气候演变的基本形式是冰期和非冰期交替出现，地球天气转冷，使习惯于栖息在温暖环境中的恐龙逐渐灭绝，哺乳类动物具有恒温的特点，因而逃脱了冰期的灾难，日益旺盛。

关于恐龙灭绝的真正原因，目前的说法不下几十种，但每一种论断，都不能完全让人信服。

到底哪种说法正确？灭绝恐龙的元凶是一个还是几个？还有待进一步追究。

 ## 地球史上的生物大灭绝

发生在 6500 万年前的"恐龙灭绝"事件已是世人皆知的一大惨案。但在漫长的地球历史演化过程中，地球上惨遭灭顶之灾的生物远不止恐龙家族。据科学分析，整个显生届时期，有 4 次最明显的全球性生物群突然灭绝的现象。

第 1 次发生在距今约 4.4 亿年的奥陶纪末期。这次遭到灭绝的生物门类大约有 75 个科，其中重要的有达尔曼虫等三叶虫类、孔洞贝等腕足类，以及某些单列型的四射珊瑚和头足类等。

第 2 次发生在晚泥盆纪，距今约 3.4 亿年。大约有 80 余种海洋无脊椎动物如腕足、三叶虫、珊瑚、苔藓类等遭了灾。

第 3 次距今约 2.4 亿年，在二叠纪末期。许多在古生代繁盛一时的极重要的海洋无脊椎动物以及苔藓动物中的隐口目和变口目，总计 90 多个科几乎彻底灭绝。

这三次"生物大灭绝"几乎每隔 1 亿年发生一次。

第 4 次发生在使雄霸地球长达 1 亿多年的庞然大物——恐龙绝种的年代，即距今 6500 万年的白垩纪末期。与恐龙同时绝迹的还有海蕾、海权糯、菊石、箭石和某些固着蛤型瓣鳃类。

是什么造成如此大规模的全球性生物灭绝的呢？

　　像 1765 年将繁荣的大都市庞培在旦夕之间葬于火山爆发的熔岩流下的灾难性突发事件，尽管也会使当时当地生物群遭遇不幸，但从整个地球看这种灾难只是局部的。所以，像火山爆发、洪水、冰川、地震、海啸等自然灾害，都不足以成为地球史上 4 次全球性生物大灭绝的元凶。

　　人们从月球上大大小小的陨石坑以及目前已发现的地球上的巨大陨石坑得到启发：地球也像月球一样，曾无数次地遭过星体的撞击。这些天外来客足以给地球生物带来毁灭性的灾难。目前被承认发生在出现了 4 次全球生物灭绝的时期、直径大于 10 千米的撞击物约有 100 个。这些天外来客以每秒数十千米的高速闯入地球大气层，因空气的阻力，它们会发生爆炸，并放出大量碎块和粉尘，同时产生巨大的冲击波和光辐射。浓重的尘埃云遮天蔽日，能长达数年之久。陆地上的动植物长期失去光照，不能正常生长和活动，直至死亡。

　　如果陨落物撞入海洋中，会使大量海水变成蒸汽，升腾到空中，与大气中的氧和氮迅速化合成含氮的酸，形成酸雨落入海中，破坏海洋生物的生态平衡。此外陨落物还携带各种有毒元素和物质，随海流的移动迅速扩散到世界各地，使大量微生物和超微生物死亡。人们从恐龙遗骸和蛋壳中发现有毒物质，以及白垩纪与第三纪分界处的地层中铱等有毒元素含量异常（比地球上的正常铱含量高出 25 倍之多）等现象，为星体撞击地球引起全球性生物灭绝的灾变说找到了证据。

神秘的地磁现象

　　我们中华民族有着光辉灿烂的过去。在人造卫星上能看见地球上的建筑物只有我们中国的万里长城和埃及的金字塔。另外，我们祖先的四大发明给人类作出了巨大的贡献。其中指南针的应用，极大地促进了航海业的大发展，继而才有哥伦布发现新大陆……

　　为什么指南针能指明方向呢？这是因为存在地球磁场（简称地磁场）。我们都知道，在电流的周围存在着磁场。有个物理实验是这样的，在垂直电流流过的导线的某一平板上撒上一些铁屑，用手轻轻敲敲这平板，铁屑就会有规律地排列，形成一些同心圆。这就是一个电流的周围存在磁场的实验，这

些同心圆指示着磁力线的轨迹。磁针放到磁场中，就会顺着磁力线的方向偏转。地磁场大体上相当于在地球的南北地理极附近分别存在磁的北极、南极，即 N 极、S 极。指南针本身也有 N 极、S 极，根据同性相斥、异性相吸的原理，自然它就会指向地球的南极（或北极）了。

电流的周围存在着磁场，换句话说，该磁场来源于电场。地球这么一个庞然大物，在如此大的空间存在着磁场，这地磁场是从哪里来的呢？你可知道，这个称之为地磁场的来源问题，正是世界著名的科学家爱因斯坦所说的几大科学谜之一呢！

从很早很早起，人们就思考着地磁场来自何方这一问题。但是，因为它与地球演化、地球内部的能量和运动以及其他天体磁场的来源密切相关，至今尚无圆满的答案。

上面我们曾提及过，在近地表面地磁场可以近似为一隅极子磁场，而由一均匀磁铁产生的磁场就是一隅极场。由此不难想象，最早的地磁场成因的假说（所谓假说，就是人们提出的一种设想，具有一定的道理，但未能得到证明）就是设想地球内部是一块均匀磁化的大磁铁。可惜后来发现，地球内部的温度太高，远远超过了铁的居里点（温度超过了某一值后，铁磁性物质就失去了铁磁性。这一现象是科学家居里首先发现的，所以后人就称此温度为居里点）。这就是说地球内部不可能存在磁铁，这种假说就被否定了。

还有许多其他的假说，在此就不一一介绍了。我们只着重介绍一种最有希望的假说，这就是发电机理论的假说。它认为地磁场主要来源于地核中的电流。

首先，我们来看看地球的内部构造。地球就像是一个煮熟了的鸡蛋，相当于蛋黄的部分为地核，相当于蛋白的部分为地幔，而相当于蛋壳的部分就是那薄薄的一层地壳。地球的平均半径为 6370 千米，地壳最厚处才数十千米，地壳底部到 2900 千米深处为地幔。地幔底部到地球中心则为地核。而地核又分为两层：外层为液态，称外核；内层为固态，称内核。根据对地震波的研究结果，可知液体外核的平均密度为 10.7 克/立方厘米。这样高密度的物质只能是重金属。地表最多的重金属就是铁，因此人们一般认为外核是由类似铁那样的重金属所构成。

地磁场成因的最新假说是发电机理论。它的基本物理过程如下：地球本身的自转使外核中融化的铁质物质形成由西向东转的旋涡；假设在地球的形成过程中或多或少地会残留下一微弱的磁场，液核中的导电流体流动，切割磁力线就会产生电场；而这感生电场又会产生磁场；产生的磁场又加强了原始的微弱磁场。这样的过程最后达到平衡。这就形成了我们在地球表面观测到的磁场的主要部分。

在这里我们强调说这是磁场的主要部分，意思是占地磁场整体99%还要多的部分来源于地球内部。而这剩下的一极小部分来自地球外部。简单地说，大气由于太阳的光辐射而被电离，部分中性原子分解为正离子和电子，从而形成所谓的电离层。由于太阳、月亮的潮汐作用以及压力、温度的变化，电离层将产生以水平方向为主的运动。与上面所提到的在地核中发生的过程相类似，这种运动与地磁场相互作用也会产生涡电流，这些电流又会产生磁场叠加到原来的地磁场上。这一部分只占整体的百分之几甚至千分之几。

随着科学的发展，计算机技术的更新换代，证明地磁场发电机理论的大量计算会得出更加令人信服的结果来。另外，随着整个地学的大发展，对地球内部物质结构、物理性质的更进一步的了解，尤其是在对核动力学的研究取得重大突破的基础上，将会进一步丰富发电机理论这一假说。结合航天科学的大发展，太阳及其某些行星磁场起源研究的进展，发电机理论将为人们所广泛接受。

电离层

电离层，是地球大气的一个电离区域。60千米以上的整个地球大气层都处于部分电离或完全电离的状态，电离层是部分电离的大气区域，完全电离的大气区域称磁层。电离层中存在相当多的自由电子和离子，能使无线电波改变传播速度，发生折射、反射和散射，产生极化面的旋转并受到不同程度的吸收。

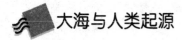
大海与人类起源

关于人类的起源，是我们一直以来想要找到答案的谜题。

人类起源于大海，是人类起源问题上的新观点。

古人类学研究早已明确告诉我们：古猿是人类的远祖，它们生活在热带森林里。然而，古人类学家却无法确切地回答：距今 400 万 ~ 800 万年前，人类的祖先是什么模样，因为这一时期的化石资料几乎是空白的。

英国人类学家哈代提出，化石空白时期的人类祖先不是生活在陆地上，而是生活在海洋中。他的主要理由是：在人类身上至今还留下许多海洋"痕迹"，这些特征只存在于海豹、海豚等海洋哺乳动物身上。例如，所有的灵长类动物体表都长有浓密的毛发，惟独人类和海兽一样，皮肤裸露；灵长类动物都没有皮下脂肪，而人类却具有海兽那样厚厚的皮下脂肪。

比较生理学的研究也提供了证据。陆生哺乳类动物对食盐的需要量有精确的感觉，而人类丧失了敏感，是因为当时在大海中摄入食盐根本不成问题。

人类屏息潜水时间远远超过其他陆生动物，体内会产生一种潜水反应：肌肉收缩，动脉血流量减少，呼吸暂停，心跳也变得较为缓慢。这和海豹等水生动物的潜水反应十分相似。如果人类的祖先不曾生活在大海中，也许就不会有如此高超的潜水本领了。

当然，这一说法还有待进一步论证。

生命起源之谜

地球上的生命是从哪里来的？

现代大多数科学家认为最原始的生命是细胞。

地球上的原始细胞（即原始生命）又是从哪里来的？

现代科学分析有这样一个演化过程：有机分子——蛋白质——原始细胞。原始细胞的进化又分为：前细胞——疑似细胞——原始细胞。

那么，地球上的有机分子是哪里来的？

一说是地球在自己特有的环境下从无机物进化而来的。这是自生说。

二说是地球上的有机物是"天外来客"，这是天降论。

自生说，由于有一些科学实验为基础，至今为大多数人所接受。天降论虽在19世纪和20世纪初曾盛行一时，但终因无法证实，而遭人们抛弃。

但是，随着天文学的不断完善和观测资料的日益丰富，近半个世纪以来，尤其是20世纪60年代以来，人们不断发现星际有机物质。天降论又重新得到科学家们的重视。

近代天文观测发现在宇宙星云中甲氕（CH）、氰基（CN）等有机物。迄今发现宇宙中有60余种分子，其中近50种是有机分子。星际空间的尘云中也有大量有机分子。这三种分子恰好是生命前物质中的主要部分。这表明星际空间有形成生命的基础和可能。

天文红外观测发现在星际空间有许多有机的微小颗粒和植物纤维物质，这也说明宇宙空间有高级的复杂有机物存在的可能性。

美国科学家发现海底沉积物中有一种新氨基酸，这种氨基酸在某些陨石中却存在。

天文学家通过对1985—1986年回归的哈雷彗星和其他彗星的大量考察，发现彗星中含有丰富的有机物和水分。很大一部分有机物随水一起降落到地球上，"有了生命形成所需要的原始汤"。

近几年科学家从陨石中发现相当复杂的有机物和氨基酸。1930年陨石家从1864年法国奥里格依降落的陨石中发现可能是孢子或细菌经碳化后形成的微小球状碳。20世纪60年代初美国人从1938年降落于达斯马尼亚的陨石中发现与微小的真菌极为相似的纤维质包体。从1969年9月降落的默切逊陨石中，科学家们发现有构成地球上一切生物遗传基因（DNA、RNA）的5种基本化学物质。只要将其中两种物质相合成即可进行生命的自我复制，从而诞生生命体。我国在吉林陨石和南极陨石中，都分离出了氨基酸和碳氧化合物。

为了证明在星际空间能形成生命的可能性，科学家们做了不少实验。20世纪50年代，科学家米勒做了一个有历史意义的实验。他把构成生命前物质的氨、甲烷和氢置于水的循环系统，通过电流作用产生氨基酸。德国科学家格罗茨等用紫外线照射这些物质也得到了氨基酸。1963年科学家们又以紫外线为能源得到了活组织能量处理机制所必需的三磷腺苷（ATP）。从而证明宇宙中存在的这些生命的前物质也可能在紫外线和电磁波作用下形成生命体。

　　美国科学家还发现可以用碳汽作为惟一的碳源合成氨基酸这种构成生命的分子。这为陨石中含有氨基酸找到了答案，也给生命源于宇宙提供了一个依据。

　　总之，生命是个相当复杂的东西，它需要在更广泛的范围内利用各种资源进行综合作用，经长期演化才能产生。因此有的科学家提出：生命不可能起源于地球这样一个如此小的世界上。它是宇宙空间经过数 10 亿年的化学进化，在地球诞生的早期就降落到地球上了，这大概是距今 40 亿年之前的事了。

氨基酸

　　氨基酸，含有氨基和羧基的一类有机化合物的通称。生物功能大分子蛋白质的基本组成单位，是构成动物营养所需蛋白质的基本物质。是含有一个碱性氨基和一个酸性羧基的有机化合物。氨基连在 α - 碳上的为 α - 氨基酸。天然氨基酸均为 α - 氨基酸。α - 氨基酸是肽和蛋白质的构件分子，也是构成生命大厦的基本砖石之一。